series ⑨
電気・電子・情報系

電力工学

宅間 董・垣本 直人／著

共立出版株式会社

「series 電気・電子・情報系」刊行にあたって

　電気・電子・情報分野はとくに技術の進展が著しく，したがってその教育に対する社会の要望も切実である．一方，大学工学部の電気・電子系，情報系では，関連学科の新設や再編成など，将来の展望を考えながら新しい時代に対応した技術教育・研究の体制を構築している．また，一般教育科目の見直しやセメスター制の導入に伴い，カリキュラムも再編されている．

　このような状況を考慮して，本シリーズでは電気・電子・情報系の基礎科目から応用科目までバランスよく，また半期単位で履修できるテキストを編集した．シリーズ全体を，基礎／物性・デバイス／回路／通信／システム・情報／エネルギー・制御の6分野で構成し，各冊とも最新の技術レベルを配慮しながら，将来の専攻にかかわらず活用できるよう基本事項を中心とした内容を取り上げ，解説した．

　本シリーズが大学などの専門基礎課程のテキストとして，また一般技術者の参考書・自習書として役立つことができれば幸いである．

編集委員

岡山理科大学教授・工博　田丸　啓吉
日本工業大学教授・工博　森　　真作
名城大学教授・工博　　　小川　　明

まえがき

　現在電気はスイッチに触れるだけでなんの苦労もなしに使うことができる．まるで身の回りの空気のように自由にいくらでも使えるので，ほとんど有難味を感じないほどである．しかし電気が使えなくなった状況を想像すると，電気がいかに重要かをある程度理解できる．照明，通信，動力のほとんどあらゆるところで電気はわれわれの生活を支え，電気なくしては現代生活が成り立たないといってよいほどである．

　電力という用語は主に2つの意味に用いられる．1つは電気エネルギー，正確には単位時間当たりのエネルギー，すなわちkWである．電球の消費電力などという場合である．もう1つは，電力会社あるいは電気事業を意味する電力である．電力工学というときは主に後者の意味に用いられ，強電という言葉が使われることもある．しかし，弱電あるいは通信分野も含めどのような電気利用においても，人が電気製品を使用する場合には常に電力を必要とし，多くの場合この電力は電力会社から送られてきているのである．

　電気が自由にまた瞬時に使えるようになったのはそれほど古いことではなく，わが国を含めて世界中でここ100年余りのことに過ぎない．この間に，発電，送電，変電，配電を骨幹とする巨大で複雑な電力網，電力系統が形成され，安全で便利なエネルギー供給システムとなった．電力系統では雷などのためなお停電が起こるし，2000年にはアメリカのカリフォルニアで深刻な電力不足を生じた．わが国の電力系統は本書の6章にも記しているように欧米諸国と比べてはるかに停電の少ない信頼できるシステムであるが，これはまさにこれまでの先人のたゆまぬ努力のおかげである．

　本書はこのような電力の巨大システムを対象に電力工学としてまとめたものである．発電，送電，変電，配電のハードウェア面と，電力系統のソフトウェア面の両方を含めて，できるだけ基礎的な内容をわかりやすく，特に重要なポイントを詳しく説明するように心がけた．また，最近特に重要となっているパ

ワーエレクトロニクス，分散形電源，電力分野における環境問題にそれぞれ 1 章をあて，ハードウェアのベースである過電圧と絶縁の問題も独立した章とした．

　その代わり，電力工学があまりに広い範囲にわたるために，相当な内容を割愛せざるを得なかったことをお断りしたい．また，交流送電線の線路定数，送電特性（集中定数回路や分布定数回路の電圧電流特性），電力円線図，進行波回路の取り扱い，対称座標法とそれを用いた故障計算などを付録で説明した．これらはいわゆる送電工学，電気回路，電力回路として学ぶ内容で数十年前とあまり変わっていない．もちろん基本的な内容で重要なものであるが，式をたどることで理解はかえってやさしい面もある．そこで本書では思いきってこれらを付録にまとめた次第である．

　毎日安心して気軽に使っている電気が，いかに複雑で巨大なシステムから供給されているかを本書によって少しでも理解していただければ幸いである．なお，本書の各章のうち，1，4〜6，10，11 章ならびに付録は宅間が，2，3，7〜9，12 章は垣本が担当し，全体を通しての内容のチェック，記述の統一は主に宅間が行った．

　　2002 年 8 月

　　　　　　　　　　　　　　　　　　　　　　　　　　　　　　著　者

目 次

1 電力利用の歴史と今後の展望

1.1 はじめに ……………………………………………………………… *1*
1.2 過去の電力利用 ………………………………………………………… *1*
   1.2.1 電力の利用に至るまで …………………………………………… *1*
   1.2.2 その後の電力供給 ………………………………………………… *3*
1.3 電力利用の現状と将来 ………………………………………………… *5*
   1.3.1 現　状 ……………………………………………………………… *5*
   1.3.2 今後の見通し ……………………………………………………… *6*
   演　習 ………………………………………………………………………… *9*

2 電力系統

2.1 はじめに ……………………………………………………………… *11*
2.2 電力系統の構成 ……………………………………………………… *11*
   2.2.1 系統構成 …………………………………………………………… *11*
   2.2.2 電力系統の発達 …………………………………………………… *13*
2.3 電力系統の運用制御 ………………………………………………… *14*
   2.3.1 電力系統の特徴 …………………………………………………… *14*
   2.3.2 需給運用 …………………………………………………………… *15*
   2.3.3 系統制御 …………………………………………………………… *16*
   2.3.4 保護制御 …………………………………………………………… *17*
   2.3.5 広域運用 …………………………………………………………… *18*
   演　習 ………………………………………………………………………… *20*

3 発電方式

3.1 はじめに ……………………………………………………………… *21*
3.2 水力発電 ……………………………………………………………… *21*
   3.2.1 位置エネルギーの変換 …………………………………………… *21*
   3.2.2 水車と水車発電機 ………………………………………………… *23*
   3.2.3 揚水発電 …………………………………………………………… *25*

3.3 火力発電 26
　3.3.1 火力発電の熱サイクル 26
　3.3.2 熱効率 28
　3.3.3 ボイラとタービン 29
3.4 コンバインドサイクル発電 31
　3.4.1 コンバインドサイクル発電の構成 31
　3.4.2 ガスタービンの熱サイクルと熱効率 32
　3.4.3 ガスタービンの構造と動作 34
3.5 原子力発電 35
　3.5.1 核分裂反応 35
　3.5.2 原子炉 36
　3.5.3 軽水減速冷却炉 38
　演　習 39

4　送　電

4.1 はじめに 41
4.2 送電方式と送電電圧 42
4.3 架空送電線 44
　4.3.1 概　要 44
　4.3.2 電流容量と導体構成 45
4.4 がいしとがいし装置 47
　4.4.1 概　要 47
　4.4.2 がいしの材料と構造 48
　4.4.3 がいし装置 49
4.5 地中送電線 50
　4.5.1 概　要 50
　4.5.2 架橋ポリエチレン（CV）ケーブル 50
　4.5.3 OFケーブル 52
　4.5.4 管路気中送電 52
4.6 直流送電 54
　4.6.1 直流送電線 54
　4.6.2 直流がいし 55
　演　習 55

5　変　電

5.1 はじめに 57

5.2　変電所の役割と分類 ……………………………………………………… 58
5.3　変圧器と母線 ………………………………………………………………… 59
　　5.3.1　変圧器 …………………………………………………………………… 59
　　5.3.2　母　線 …………………………………………………………………… 60
5.4　遮断器と断路器 ……………………………………………………………… 61
　　5.4.1　遮断器の概要 …………………………………………………………… 61
　　5.4.2　SF_6 ガスによる消弧（ガス遮断器） …………………………………… 62
　　5.4.3　真空による消弧（真空遮断器） ……………………………………… 64
　　5.4.4　その他の遮断器 ………………………………………………………… 66
　　5.4.5　断路器と接地開閉器 …………………………………………………… 66
5.5　ガス絶縁開閉装置（GIS） ………………………………………………… 67
　　5.5.1　密閉形開閉装置 ………………………………………………………… 67
　　5.5.2　GIS の基本構造 ………………………………………………………… 68
　　5.5.3　その他の密閉形開閉装置 ……………………………………………… 69
5.6　避雷器 ………………………………………………………………………… 71
　　5.6.1　避雷器の原理 …………………………………………………………… 71
　　5.6.2　酸化亜鉛形避雷器 ……………………………………………………… 72
5.7　その他の変電所機器と交直変換所機器 …………………………………… 74
　　5.7.1　計器用変成器 …………………………………………………………… 74
　　5.7.2　調相設備 ………………………………………………………………… 74
　　5.7.3　交直変換所機器 ………………………………………………………… 75
　　演　習 ………………………………………………………………………… 76

6　配　電

6.1　はじめに ……………………………………………………………………… 77
6.2　配電系統の概要 ……………………………………………………………… 78
　　6.2.1　配電系統の電圧（配電電圧） ………………………………………… 78
　　6.2.2　配電系統 ………………………………………………………………… 79
　　6.2.3　配電方式 ………………………………………………………………… 80
6.3　需要と負荷 …………………………………………………………………… 82
　　6.3.1　電力需要の種類 ………………………………………………………… 82
　　6.3.2　負荷曲線と最大電力 …………………………………………………… 82
　　6.3.3　配電計画 ………………………………………………………………… 84
6.4　配電の品質 …………………………………………………………………… 85
　　6.4.1　供給信頼度 ……………………………………………………………… 85
　　6.4.2　電圧変動 ………………………………………………………………… 86
　　6.4.3　高調波 …………………………………………………………………… 87

- 6.5 配電用機器 ·· 88
  - 6.5.1 架空電線路 ·· 88
  - 6.5.2 地中電線路 ·· 88
  - 6.5.3 開閉器類 ·· 89
  - 6.5.4 避雷器 ·· 90
- 6.6 配電自動化 ·· 90
  - 6.6.1 自動化システム ·· 90
  - 6.6.2 配電線の監視制御 ·· 91
  - 6.6.3 負荷制御と自動検針 ·· 91
  - 演　習 ·· 92

7 電力系統の運用と制御

- 7.1 はじめに ·· 93
- 7.2 運用組織 ·· 93
- 7.3 需給運用 ·· 94
  - 7.3.1 需給計画 ··· 95
  - 7.3.2 経済負荷配分 ·· 96
  - 7.3.3 並列台数 ··· 98
- 7.4 周波数制御と電圧制御 ·· 99
  - 7.4.1 調速機の動作 ·· 99
  - 7.4.2 周波数制御の原理 ·· 100
  - 7.4.3 電圧制御 ··· 102
  - 演　習 ·· 104

8 電力系統の安定性

- 8.1 はじめに ··· 106
- 8.2 定態安定性 ·· 106
  - 8.2.1 発電機の特性 ·· 106
  - 8.2.2 定態安定性 ··· 108
- 8.3 過渡安定性 ·· 110
  - 8.3.1 再閉路 ··· 110
  - 8.3.2 過渡安定性 ··· 112
- 8.4 動態安定性 ·· 113
  - 演　習 ·· 116

9 パワーエレクトロニクス

- 9.1 はじめに ……………………………………………………………… 118
- 9.2 直流送電での応用 ……………………………………………………… 119
  - 9.2.1 変換器の動作 …………………………………………………… 119
  - 9.2.2 順変換と逆変換の等価回路 …………………………………… 121
- 9.3 系統制御への応用 ……………………………………………………… 123
  - 9.3.1 静止形無効電力補償装置 (SVC) ……………………………… 123
  - 9.3.2 サイリスタ制御直列コンデンサ (TCSC) …………………… 125
  - 9.3.3 STATCOM ……………………………………………………… 127
  - 9.3.4 SSSC ……………………………………………………………… 128
  - 演 習 ……………………………………………………………………… 129

10 過電圧と絶縁

- 10.1 はじめに ……………………………………………………………… 131
- 10.2 過電圧 ………………………………………………………………… 132
  - 10.2.1 過電圧の種類 ………………………………………………… 132
  - 10.2.2 耐電圧試験 …………………………………………………… 133
  - 10.2.3 雷過電圧 ……………………………………………………… 134
  - 10.2.4 開閉過電圧 …………………………………………………… 136
  - 10.2.5 短時間過電圧 ………………………………………………… 139
- 10.3 絶縁方式と絶縁物 …………………………………………………… 139
  - 10.3.1 絶縁方式の分類 ……………………………………………… 139
  - 10.3.2 絶縁物の電気的特性 ………………………………………… 141
  - 10.3.3 気体の絶縁破壊特性 ………………………………………… 142
  - 10.3.4 その他の絶縁物の絶縁耐力 ………………………………… 143
- 10.4 絶縁物の選択 ………………………………………………………… 144
  - 演 習 ……………………………………………………………………… 146

11 電力工学と環境

- 11.1 はじめに ……………………………………………………………… 147
- 11.2 電力分野の環境問題の分類 ………………………………………… 148
- 11.3 電磁界による環境問題 ……………………………………………… 150
  - 11.3.1 電磁界環境問題の分類 ……………………………………… 150
  - 11.3.2 感 電 ………………………………………………………… 150
  - 11.3.3 交流送電線の環境問題 ……………………………………… 151

11.3.4　直流送電線の環境問題·· *152*
　11.4　EMC と EMF（電磁界の健康影響）·· *153*
　　　11.4.1　EMC·· *153*
　　　11.4.2　EMF の疫学調査·· *154*
　　　11.4.3　EMF に関わる研究·· *154*
　　　11.4.4　商用周波数電磁界による誘導電流·· *155*
　11.5　地球温暖化問題·· *157*
　　　11.5.1　地域環境と地球環境·· *157*
　　　11.5.2　温暖化問題の国際的動向·· *159*
　　　11.5.3　発電方式と炭酸ガス排出·· *160*
　　　11.5.4　SF_6 の地球温暖化効果·· *161*
　　　11.5.5　代替ガスの探索·· *162*
　11.6　環境対策·· *163*
　　　演　習·· *164*

12　分散形電源

　12.1　はじめに·· *166*
　12.2　燃料電池·· *167*
　12.3　太陽光発電·· *170*
　12.4　風力発電·· *173*
　12.5　マイクログガスタービン·· *176*
　12.6　ナトリウム-硫黄電池·· *178*
　12.7　レドックスフロー電池·· *181*
　　　演　習·· *183*

付　録　1　線路定数·· *185*
　　　1.1　はじめに·· *185*
　　　1.2　抵　抗·· *185*
　　　1.3　インダクタンス·· *185*
　　　1.4　静電容量（キャパシタンス）·· *187*
　　　1.5　線路定数の例·· *189*
　　2　送電特性·· *189*
　　　2.1　はじめに·· *189*
　　　2.2　短距離線路の特性·· *189*
　　　2.3　中距離線路の特性·· *190*

2.4　長距離線路の特性………………………………………………………191
　　2.5　電力円線図………………………………………………………………192
　3　進行波回路……………………………………………………………………193
　　3.1　はじめに…………………………………………………………………193
　　3.2　進行波……………………………………………………………………194
　　3.3　終端インピーダンスの効果……………………………………………194
　4　故障計算………………………………………………………………………195
　　4.1　はじめに…………………………………………………………………195
　　4.2　対称座標法………………………………………………………………196
　　4.3　発電機を含む回路………………………………………………………197
　　4.4　簡単な例…………………………………………………………………197

演習解答……………………………………………………………………………199
索　引………………………………………………………………………………213

1

電力利用の歴史と今後の展望

電力の利用はどのようにして始まり，今どうなっているのか．この章では，まず電力の利用に至るまでの歴史を簡単に紹介した後，19世紀末の電気事業の開始から現代に至る電力供給の進展を述べる．さらに世界各国の電力規模の概要を説明し，21世紀前半におけるわが国の電源構成と電力需要の予測例を紹介する．

1.1 はじめに

現代のわれわれの生活はもはや電気なしでは成り立たない．電気は今や社会生活を支える最も重要な基盤として，「電気文明」といわれるほどになっている．電気を直接動力源とする装置や機器のほかに，通信，放送，コンピュータを始め多種多様な用途に電気が用いられ，付随する各種の制御，監視，調整などの装置を含めて動力源として電力が使用されている．過去約120年の間，世界中で家庭と産業における電力の使用は着実に増加した．

これは，電気がエネルギー源として，光，熱，動力への変換がきわめて容易であるとともに，輸送しやすく，安全でかつクリーンなためである．今後は環境や資源の問題からエネルギー需要の伸びそのものは抑制されるものの，全エネルギー需要に占める電力の割合（電力化率）は着実に増加すると考えられている．

1.2 過去の電力利用

1.2.1 電力の利用に至るまで

電気のない現代生活は考えられないほどになっているが，電気の利用の開始

はそれほど昔のことではない．電気工学と呼ぶ学問分野もせいぜい100年余りの歴史を刻んだにすぎない．工学の他の分野と比較すると，ローマ時代以前からの土木工学，建築工学はもちろん機械工学と比べてもまことに新参である．このような電気工学の浅い歴史は電力にしろ通信にしろ電気が簡単には目に見えない存在であることに原因している．

　雷，放電，まさつ電気，磁石といった身近な自然現象は別として，電気が研究対象となったのはやっと17世紀中頃である．それから1800年頃までの150年間はもっぱら静電気現象として電気が研究された．マグデブルグ市長のゲーリケによる硫黄球帯電の実験が1660年，フランスのダリバールやアメリカのフランクリンによって雷が電気現象であることがわかったのが1750年頃である．

　その後1800年より1870年頃までの数10年間は，電気の研究は電流と磁気現象が中心であった．その初期に最初の化学電池というべきボルタの電錐が発明され，それまでとはまったく違って比較的長時間流れる電気が得られるようになった．これは静電気と区別して「動電気」と呼ばれることもあるが，電流と磁気の相互作用である電磁力という応用に道を拓く画期的な発明であった．1831年にはファラデーが電磁誘導を発見して電気と磁気を結び付けた．さらに1860年代のマクスウェル方程式の定式化によって，光学現象を含めた電磁気現象の統一理論の完成に至る．この時代には併行して電気の通信手段としての利用も進んでいる．

　電力工学は1882年に始まるといってよい．この年エジソンは中央の発電所から不特定多数の消費者に電気を供給するいわゆる電気事業を世界で初めて開始した．目的は電灯照明で，電圧は直流110Vである．一方，わが国では最初の電灯が点灯したのは1878年3月25日中央電信局の開業祝賀会の席上とされており，3月25日は現在でも電気記念日あるいは「電気の日」となっている．エジソン電気会社の電力供給と同じ1882年には，有限会社東京電灯の設立願書が内務卿に提出され，ここからわが国の電気事業の歴史が始まる．実際に電気の供給を開始したのは5年後である．電圧は直流210Vとされている．この頃，米国の電気学会（AIEE）が1884年に，わが国の電気学会が1888年に創立され，工学的研究活動のベースとなる学会活動も開始した．

1.2.2 その後の電力供給

エジソンによる送配電事業の開始後，エジソンと GE (General Electric) 社が直流，テスラと WH (Westinghouse) 社が交流の送電方式を推進した．直流送電と交流送電はどちらが有利かという約 10 年間の直流・交流論争を経て，高電圧長距離の三相交流送電方式が世界的に進展する．わが国では，1887 年電灯用電力の供給を開始して以来，1895 年に三相 50Hz，1897 年に三相 60Hz の発電所が建設され，三相交流送電の時代に入る．

表 1.1 にわが国での送電，特に送電電圧の上昇の変遷を示す．1899 年に 11 kV（三相交流），1907 年に 55 kV，1915 年に 115 kV の送電が開始している．その後第 2 次世界大戦による中断を経て，1952 年に 275 kV，1973 年に 500 kV の送電が開始された．当時電力消費は 10 年で約 2 倍の割合で増加し，これをまかなうために送電電圧は約 20 年ごとに 2 倍に上昇するとされていた．実際に

表 1.1　わが国の送電（電圧）の推移

1882 年	(明治 15)	東京電灯会社設立出願（同じ年 Edison が New York で送配電を開始，初めて中央発電所方式，直流 110V）
1887 年	(明治 20)	東京電灯会社営業用電灯電力供給の開始（直流 210V）
(1888 年		電気学会創立)
1891 年	(明治 24)	東京電灯，供給電灯数 1 万
1899 年	(明治 32)	郡山水力，広島水力 11 kV 送電（三相交流）
1906 年	(明治 39)	交流による昼間の電力供給を開始
1907 年	(明治 40)	東京電灯駒橋水力発電所より 55 kV 送電開始，75 (83) km，15MW
1910 年	(明治 43)	木曾川八百津水力発電所より 66 kV 送電開始，10MW
1913 年	(大正 2)	77 kV 送電
1915 年	(大正 4)	猪苗代-東京間 115 kV 送電開始
1923 年	(大正 12)	154 kV 送電開始，竜島（犀川）-戸塚間 202km，笹塚-大阪間 313km
(1940 年頃		朝鮮，満州では 220 kV 送電)
1952 年	(昭和 27)	275 kV 新北陸幹線（成出-枚方）送電開始，230km（関西電力）
1973 年	(昭和 48)	500 kV 房総線（房総-新古河）送電開始，63km（東京電力）

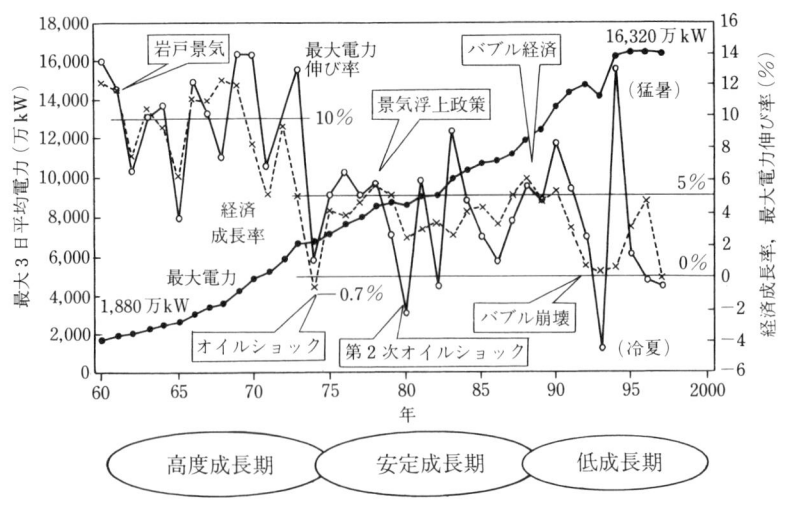

図1.1 全国の最大電力と経済成長率の変遷
(注) 中央電力協議会：電力の広域運営40年のあゆみ（1999年）による．

500 kV までの昇圧はその傾向をたどっていたのであるが，1970年代の2回にわたる石油危機以後は需要の伸びが停滞し，このような増加予測あるいは伸び率は適用できなくなった．

図1.1 は1960年（昭和30年代中頃）から最近に至るまでの日本全体の最大電力（最大3日平均電力－6.3節参照）を経済成長率，最大電力伸び率とともにまとめたものである．経済成長や電力需要に関わる主なトピックなども付記している．天候による影響などを除くと最大電力伸び率（実線）と経済成長率（点線）は驚くほどよく一致している．経済成長率，最大電力伸び率とも高度成長期には約10%の高い値であったが，1973年の第1次オイルショックを契機に5%以下の水準に落ち込み，安定成長期，低成長期と呼ばれる時代の特徴を示している．最大電力は1960年の1,880万 kW から16,320万 kW と約40年で9倍近くに増大したが，猛暑の1994年以降はほとんど伸びていない．

500 kV 送電の次の UHV (ultra high voltage) 送電はわが国では2倍の1,000 kV である．UHV 送電は，500 kV 送電が開始された1973年に早々と検討がスタートした．現在は新潟県柏崎から山梨県に至る約250 kmの送電線の建設をすでに終了し，変電機器の開発もほぼ終わっている．しかし，石油危機

以降のエネルギー需要の伸びの停滞から500 kV送電開始以来約30年になるが，UHV送電がいつ実現するかはまだ明らかになっていない．送電電圧や電流容量の増大の詳細は4章において述べる．

1.3 電力利用の現状と将来

1.3.1 現　　状

表1.2に世界の主だった20カ国の1997年時点の発電設備容量，年間の発電

表1.2　世界の電力規模（発電設備の上位20カ国）

項目 国名	総発電設備 [100万 kW]	総発電電力量 [10億 kWh]	消費電力量 [10億 kWh]	人口1人当たり 消費量 [kWh]
アメリカ	779	3,699	3,503	13,070
中　国	254	1,135	1,038	834
日　本	219	1,040	1,001	7,940
ロシア	206	834	733	4,983
カナダ	112	575	514	17,133
ドイツ	110	552	527	6,422
フランス	108	504	410	6,995
インド	100	435	382	400
イギリス	70	363	337	5,711
イタリア	64	252	273	4,746
ブラジル	62	307	296	1,854
ウクライナ	55	178	149	2,928
韓　国	44	247	236	5,132
スペイン	43	187	167	4,247
オーストラリア	38	183	171	9,233
メキシコ	38	175	152	1,612
南アフリカ	36	210	188	4,560
スウェーデン	34	150	136	15,367
ポーランド	30	143	124	3,208
ノルウェー	27	112	107	24,263
上位20カ国の合計	2,429	11,281	10,444	7,032（平均）
世界の合計	3,133	14,021	12,850	2,198（平均）

(注1): 自家発電を含む．
(注2):「OECDエネルギー統計1996-1997」(国際エネルギー機関)，
　　　「非OECDエネルギー統計1996-1997」(国際エネルギー機関) などによる．

電力量，消費電力量ならびに人口1人当たりの消費量を示す．20カ国の合計ならびに世界全体の合計（と1人当たりの平均）も示してある．世界全体の消費電力量は12兆8,500億kWhである．消費電力量が5,000億kWhを超えるのは，多い順にアメリカ，中国，日本，ロシア，ドイツ，カナダの6カ国である．この6カ国の合計は約7兆3,000億kWhで，世界全体の57％にも達する．特にアメリカは1国だけで27％と世界全体の1/4を超えている．20カ国の中で特に消費量が急増しているのは中国である．一方，発電設備容量が1億kWを超えているのは，上記6カ国のほかフランス，インドである．

表からわかるように，1人当たりの年間消費電力量の順位はその国の発電設備容量の順位と相当に相違する．1人当たりの消費電力量の多い6カ国は，ノルウェー，カナダ，スウェーデン，アメリカ，オーストラリア，日本の順で，北欧やカナダのような寒い国が特に多い．世界平均の2,200kWhに比べて，ノルウェーは11倍，日本は3.6倍である．これに対して，表1.2のなかで日本以外のアジア諸国では，韓国が世界平均の約2.3倍，中国が0.38倍，インドが0.18倍である．

1.3.2　今後の見通し

先に述べた10年で2倍の伸びは年平均で約7％の増加率（伸び率）に相当する．わが国ではエネルギー危機以後このような高い伸び率は今後予想できないが，世界的にはなお電力需要は相当に増加するであろう．21世紀に入って，発展途上国を中心に世界の人口は大幅な増加が予想され，これを支える経済成長，さらにエネルギー需要の増大が，エネルギー源と地球環境で深刻な問題を引き起こそうとしている．世界のエネルギー需要は，開発途上国の急速な伸びによって，2050年には現在の約20倍になると予想されている．以下ではわが国の電源構成ならびに電力需要の予測例を述べる．

わが国においては，経済成長率は今後2020年頃まで高くても年平均1.5％，2020年以降は1％以下と予想され，それに伴って電力需要の伸び率も低下すると考えられている．たとえば通産省（当時の）電気事業審議会からは，2010年度までの電力需要の伸びが現状の約半分の年平均1.2％となる見通しが報告されている．この伸び率によれば，1996年の年間電力需要約9,000億kWhに比

1.3 電力利用の現状と将来

表1.3 21世紀の電源構成の予測例 (万 kW)

	1996年	2010年	2050年
原 子 力	4,260	6,600〜7,000	7,000〜9,000
火　　　力	12,180	14,040〜13,540	15,000〜17,000
石　　　炭	2,030	3,600	6,000〜7,000
L　N　G	4,910	6,450	7,000〜8,000
石　　　油	5,240	3,990〜3,590	2,000
自然エネルギー	4,350	4,950	7,000〜9,000
水　　　力	4,300	4,800	6,000
地　　　熱	50	150	1,000〜3,000
太　陽　他	—	—	
計	20,790	25,590	29,000〜35,000
電 力 需 要 (億 kWh)	8,730	10,560	13,500〜17,000

べ毎年 90〜100 億 kWh の増加となり，2010 年時点で約 1 兆 600 億 kWh（約 1.2 倍）と想定される．2010 年以降の伸び率を年平均 0.6〜1.2%と仮定すると，2050 年時点では 1.3〜1.7 兆 kWh の需要が予想される．

表 1.3 は，上記の電力需要の伸びに合わせて電力需要をまかなう供給力を試算した例である．この表で 2050 年の予測に幅があるのは，2010 年以降の需要の伸びを前述のように年 0.6〜1.2%と仮定しているためである．また 2050 年には利用率の 10%向上を見込んでいる．1996 年の電源容量約 2 億 kW に比べて，50 年後には 1.5 倍から 1.8 倍になるという予想である．この中で伸び率の最も大きいのは原子力で，2050 年には現在の約 2 倍にまで増加することになっているが，これは諸外国の状況や環境問題の動向に大いに依存するであろう．原子力について自然エネルギーの伸び率が高いが，この試算例では自然エネルギーの主力は 2050 年においても水力である．

表 1.4 は，電力中央研究所から 2000 年に報告されたより詳しい解析結果である．電力需要の伸び率は表 1.3 とは異なり，1997 年から 2000 年までは 0.6%，その後 1.5%に上昇し，2010 年から 10 年間 1.2%を維持した後急激に低下するという予想である．しかし，2010 年時点の電力需要は 1 兆 800 億 kWh で表 1.3 とほぼ一致している．この報告の予測シナリオでは，エネルギー需要全体

表 1.4 2025 年までの電力需要予測例

(a) 概　要

項　目	1997～2000 年度	2000～2010 年度	2010～2020 年度	2020～2025 年度	備　考
電力需要の伸び率	0.6%	1.5%	1.2%	0.4%	・実績 GDP よりもやや低い伸び率 ・エネルギー需要全体とは異なり 2025 年度まで飽和しない．
電力化率	40.0% (1997 年度)	40.5% (2000 年度)	44.2% (2010 年度)	47.8% (2025 年度)	・エネルギー需要の電力シフトが進み，エネルギーの半分近くが発電に使われる．

(b) 詳細（標準ケース）

	1997 年度（実績）	2000 年度	2010 年度	2020 年度	2025 年度
電気事業	8,077	8,269	9,839	11,310	11,625
産業	3,194	3,059	3,258	3,556	3,493
民生	4,703	5,028	6,369	7,518	7,889
家庭	2,435	2,609	3,102	3,357	3,405
業務	2,267	2,419	3,267	4,161	4,484
運輸	180	182	213	236	243
自家発電	1,054	1,017	961	839	750
電力需要合計 (億 kWh)	9,131	9,286	10,800	12,149	12,375
最大電力 (万 kW)	16,414	17,629	21,083	24,001	24,682
年負荷率 (送電端)	58.4%	55.8%	55.6%	56.3%	56.3%
総設備容量 (万 kW)	21,821	23,094	27,359	30,985	32,374

	年平均伸び率 (%)				
	1997～2000	2000～2010	2010～2020	2020～2025	2000～2025
電気事業	0.8	1.8	1.4	0.6	1.4
産業	−1.4	0.6	0.9	−0.4	0.5
民生	2.3	2.4	1.7	1.0	1.8
家庭	2.3	1.7	0.8	0.3	1.1
業務	2.2	3.1	2.4	1.5	2.5
運輸	0.5	1.5	1.1	0.5	1.1
自家発電	−1.2	−0.6	−1.3	−2.2	−1.2
電力需要合計	0.6	1.5	1.2	0.4	1.2
最大電力 (万 kW)	2.4	1.8	1.3	0.6	1.4
総設備容量 (万 kW)	1.9	1.7	1.3	0.9	1.4

（注 1）：服部ほか：2025 年までの経済社会・エネルギーの長期展望，電力中央研究所報告 Y99018（2000）による．
（注 2）：電力化率は一次エネルギーとしての比率である．（演習 1.4 の解答参照）

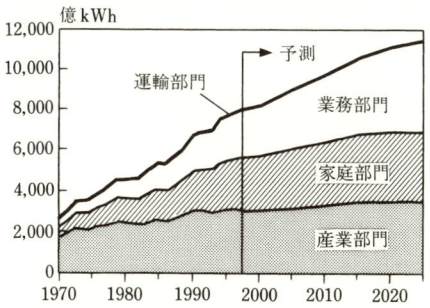

図 1.2 部門別の電力需要（電気事業分のみ，自家発電を除く．）
(注) 服部ほか：2025 年までの経済社会・エネルギーの
長期展望，電力中央研究所報告 Y99018 (2000) による．

は 2020 年にピークとなりその後はむしろ減少するが，電力需要はその後も伸び続けると予想されている．表の (b) は電力需要の予測（標準ケース）をより詳しく部門別に示したもので，各部門の年平均伸び率も付記した．また 1970 年以降の各部門ごとの電力需要について，過去の実績と 1997 年以降の予測を図 1.2 に示す．この図に示すように伸びの大きいのは業務部門である．なお表 1.4(b) で自家発電が減少するのは，電気料金の値下げで自家発電はむしろマイナスの伸びになると予想されているためである．

　ただし激動する現代社会においては，将来を確実に見通すのは困難である．表 1.3, 1.4 ともあくまでも 20 世紀末の情勢や傾向から予測した例であることに注意が必要である．

演　習

1.1 電気の二大利用分野は，電力（電気事業）と通信である．1.2 節に述べたような 19 世紀後半の電力利用の進展と同じ頃に電気通信も開始されているが，その初期の状況を調べよ．

1.2 1.3 節に述べたように，電力需要は伸び率が年 7% であれば 10 年で約 2 倍となる．伸び率がそれぞれ年 0.5, 1, 2, 3, 5% のときに電力需要が倍増する年数を求めよ．また 1.5 倍になる年数を求めよ．

1.3 表 1.2 から，上位 5 カ国について，設備利用率ならびに 1 人 1 日当たりの消費電力量

を求めよ．

1.4 演習 1.3 の電力消費量を人が 1 日に必要とする（食料として摂取する）エネルギーと比較せよ．

2

電力系統

今日,電気は大規模な(大容量の)発電所から送電線や配電線を経て家庭や工場などに供給されている.この電気を発生し供給するためのシステムを総称して電力系統という.本章では,電力系統の全体的な構成および運用について概観する.

2.1 はじめに

電力系統あるいは電力システムは,さまざまな需要家に電気を供給するための複雑で巨大なシステムである.大きく分けて,発電,送電,変電,配電の各系統から成り,これらの関係設備を全体として運用監視し,制御するための通信設備がある.通信設備は,いわば人間の体の神経網に相当する.

3章以下では,発電から配電に至るシステムをより詳しく説明するが,本章ではそれらのつながりが理解できるように全体をまとめて解説する.まず電力系統の送電から配電に至る構成,わが国での系統構成の推移について説明する.次に,電力系統の特徴である有効電力と無効電力について述べる.さらに,それに基づいて各種の運用制御,沖縄電力を除く9電力会社の広域運用などの概要を説明する.

2.2 電力系統の構成

2.2.1 系統構成

図2.1に電力系統の基本構成を示す.発電所で発生した電気は昇圧後,送電線を通り,変電所で電圧を下げた後,それぞれの供給地域へ送られる.発電設備には水力,火力,原子力発電所がある.わが国全体の設備容量は2001年で約

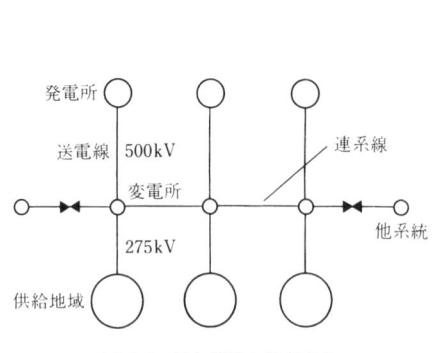
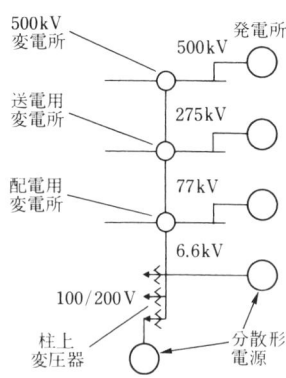

図 2.1　電力系統の基本構成　　図 2.2　電力系統の構成例

2億 kW であるが，その内訳はおおよそ水力が 20%，火力 60%，原子力 20% となっている．そのほか，新しい電源として太陽光発電，風力発電，燃料電池などが導入されつつある．しかし，その容量は全体の 1% に満たない．500 kV 系統は 275 kV 系統とともに基幹系統と呼ばれ，わが国の電力系統の骨格を成している．連系線は電源からの電気を 1 つにまとめ，それを基幹系統の 500 kV 変電所に配分する．また，各系統は連系線により他の系統とも接続されている．500 kV 変電所では，電圧を下位の 275 kV に下げ，さらに下位の変電所を経てそれぞれの供給地域に電気を供給している．現在，公称電圧の最高は 500 kV であるが，われわれの家庭に至るまでに 275 kV(154 kV)，77 kV，6.6 kV，100 V のように順次下がってくる．

　図 2.2 に電圧階級で整理した系統構成の例を示す．電圧階級により送電系統と配電系統に分けられ，77 kV までは送電系統，それ以下は配電系統となっている．送電系統は発電所から変電所へ，変電所から別の変電所へ電気を送るための系統であり，配電系統は変電所から家庭や工場に電気を分配するための系統である．変電所には送電用変電所と配電用変電所があり，送電用変電所で 77 kV まで電圧を下げ，配電用変電所で 6.6 kV もしくは 22 kV に下げる．地域によっては，220 kV，187 kV，154 kV，110 kV，66 kV，33 kV などの電圧も用いられる（表 4.1 参照）．配電線はわれわれの近くで見かける電線であるが，各家庭には電柱の上にある柱上変圧器により 100 または 200 V に下げて電気を供給する．送電系統が線状であるのに対し，配電系統は供給地域をカバーするよう

網状にはりめぐらされている．

　発電所は基幹系統だけでなく，それぞれの電圧階級にも接続されている．大まかな分類として，500 kV 系には原子力，大規模火力，揚水発電所など遠隔地の電源が接続されるのに対し，275 kV 以下の系統には需要地の近くにある火力や水力発電所がつながれる．また，最近では風力発電機が 6.6 kV 配電線に，太陽光発電が 100 V の屋内配線に接続されるケースもある．

2.2.2 電力系統の発達

　わが国の電気事業の発達の大まかな経過は 1.2 節で述べたが，ここでは現在の系統構成がなぜ図 2.1 のようになっているかについて説明する．わが国の電気事業が始まったのは 1887 年であるが，初期の構成は図 2.3(a) のような単純なものであった．これを単純くし形系統と呼んでいる．発電所ごとにそれぞれいくつかの需要家に供給し，発電力が不足するときは余裕のある発電所が負荷へ電力を供給するよう切り替えていた．しかし，需要が増えると系統ごとに需給をバランスさせることが困難になった．

　1930 年代には図 2.3(b) のように低圧側で系統を連系し，1 つの系統として運用するようになった．これを縦割り低圧連系系統と呼んでいる．いくつかの発電所と需要家をまとめたブロックごとにできるだけ需給のバランスを保ち，連系線を流れる電流が少なくなるようにして，事故があると系統分離点で単純なくし形系統に分離した．このようにすることで発電設備を有効に利用することができた．しかし，需要地の近くに火力発電所が建設されるようになると，ブ

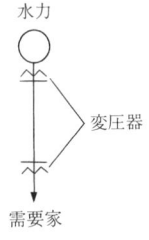
(a) 単純くし形系統

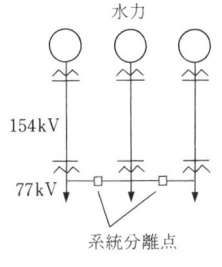
(b) 縦割り低圧連系系統

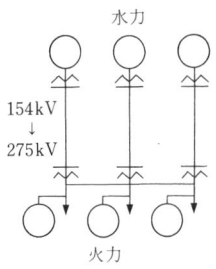
(c) 低圧内輪連系系統

図 2.3　わが国の電力系統の発達

ロックごとに需給のバランスをとることが困難になり，図 2.3(c) のように連系線により自由に電気を融通し合うという形態になった．低圧内輪連系系統と呼ぶ形態である．

1950 年代に大規模な水力発電所が建設されると，154 kV に代わり 275 kV 送電が行われるようになった（1952 年）．また，77 kV 系統の連系では電流が大きくなり，需要の増加に対応できなくなったため，1965 年頃には図 2.1 のように超高圧（275 kV）側で系統を連系し，低圧側は放射状にする形態に移行した．1970 年代には経済の高度成長に伴い，原子力発電所などの大容量発電所が運転を開始したことから，輸送能力の強化と事故時の電流を軽減するため，500 kV が最上位の電圧として採用され（1973 年），現在に至っている．

2.3 電力系統の運用制御

2.3.1 電力系統の特徴

電力系統の目的は需要家の必要とする電気を供給することである．しかし，電力系統にはガスなど他のエネルギー供給系統と異なるいくつかの特徴があり，そのことが電力系統の運用に影響を及ぼしている．ここでは，その特徴について述べる．

電力系統では主に交流が用いられている．交流には有効電力と無効電力があることは電気回路の講義で習う内容である．いま，図 2.4 のように 1 つの送電線により電気を送ることを考える．送電端と受電端の電圧をそれぞれ $\dot{V}_s = V_s\angle\delta$，$\dot{V}_r = V_r\angle 0$ とする．ただし，$V_s\angle\delta$ は複素数 $\dot{V}_s$ の極座標表示であり，V_s は絶対値，δ は偏角（位相角）を表す．送電線の抵抗 r はリアクタンス X に比べて小さいので，これを無視すると送電線の電流は

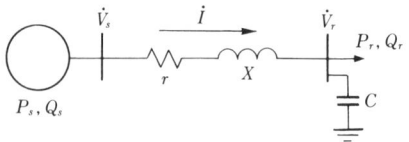

図 2.4　有効・無効電力

$$\dot{I} = \frac{\dot{V}_s - \dot{V}_r}{jX}$$

となる．ただし，j は虚数記号を表す．送電端と受電端における電力 $\dot{W}_s$ と $\dot{W}_r$ を求めると次のようになる．（より詳細な説明は付録2にある）

$$\dot{W}_s = \dot{V}_s \bar{I} = P_s + jQ_s = \frac{V_s V_r}{X}\sin\delta + j\frac{1}{X}(V_s^2 - V_s V_r \cos\delta) \quad (2.1)$$

$$\dot{W}_r = \dot{V}_r \bar{I} = P_r + jQ_r = \frac{V_s V_r}{X}\sin\delta - j\frac{1}{X}(V_r^2 - V_s V_r \cos\delta) \quad (2.2)$$

P_s, P_r は有効電力，Q_s, Q_r は（遅れ）無効電力，$\bar{I}$ は $\dot{I}$ の共役複素数である．上式より，送電端と受電端の有効電力は同じ値であり，発電機で発生した電気エネルギーが送電端から受電端へ伝送されていることがわかる．一方，$V_s \simeq V_r$ であることから，無効電力は送電端と受電端で向きが異なる．これは送電線が無効電力を消費していることを意味する．すなわち，有効電力の伝送に際し，送電線は無効電力を必要とすることがわかる．また，誘導電動機のように受電端の負荷にも無効電力を消費するものがある．無効電力の供給は送電端では発電機によって行われるが，受電端ではコンデンサもしくはリアクトルによって供給される．これを無効電力補償と呼んでいる．このように，電力系統には有効電力および無効電力があり，電力系統の運用は基本的には，それぞれの発生と消費をすべての時刻においてバランスさせることにあるといってよい．

2.3.2 需給運用

まず，有効電力の発生と消費について考える．発生と消費をバランスさせるには，負荷（電力）量の変化に対応して発電量を調整する必要がある．図2.5に1日の負荷の変化とこれをまかなうための電源の負担量の例を示す．負荷量は夜間少なく，昼間に多くなる．したがって負荷がどのように変化するかを予想し，それに対応して運転する発電機の台数や運転時間を決める必要がある．これを需給計画という．

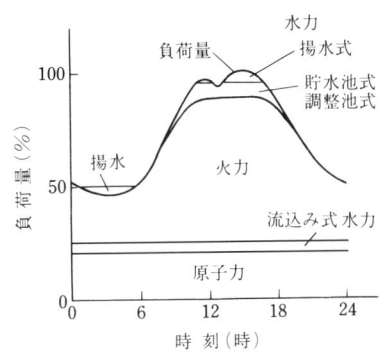

図2.5 需給計画

また，発電機には水力，火力，原子力がある．火力，原子力は燃料を必要とするが，効率の良い発電機はそれだけ燃料費も少なくてすむ．したがって，与えられた負荷量に対し，できるだけ燃料費が少なくなるように発電機の出力を決定する．これを経済運用といっている．

このようにして発電量を決めたとしても，実際の負荷量は時々刻々変化するので，発電量を負荷量に完全に一致させることは困難である．両者の差は図 2.6 のように系統周波数の変動となって現れる．周波数が規定の値（50 Hz または 60 Hz）から離れると，発電機や需要家の機器の運転に支障が生じるため，発電量を調整して周波数が一定になるようにする．これを周波数制御と呼んでいる．周波数は 1 つの系統だけでなく，連系されているすべての系統で同じ値になる．たとえば西日本の 60 Hz 系統では 6 つの電力会社の系統が協調して制御を行っている．

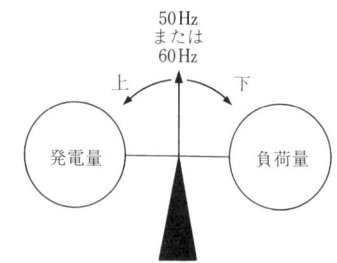

図 2.6　周波数制御

2.3.3　系統制御

次に，電気を輸送する送電系統を考える．電圧は，送電線のリアクタンスのために，流れる電流の大きさによって変動する．しかし，送電線の電圧はある 1 つの電圧階級をとればどの点をとってもほぼ規定の電圧値から一定の範囲に保たれている．つまり，場所によって電圧が大きく変化することはなく，その範囲を常規電圧と呼んでいる．たとえば，われわれの家庭の電圧は 101±6V の範囲にあるし，500 kV 系統では 500 kV±5%（もしくは 10%）の範囲にある．これは，電気機器が正常に動作する範囲が決められており，したがって電圧もその範囲に保つ必要があるためである．これを電圧制御と呼んでいる（図 2.7）．その手段として，発電機の自動電圧制御や，変圧器のタップ制御，並列コンデンサや分路リアクトルによる無効電力

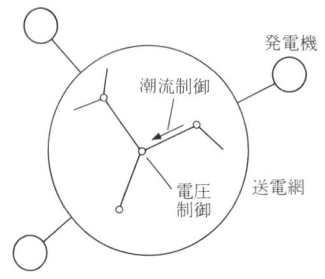

図 2.7　電圧および潮流制御

補償などが行われる．最近では，サイリスタやゲートターンオフサイリスタ (GTO) により補償量を連続かつ高速に調整するパワーエレクトロニクス機器 (9章参照) が導入されている．

一方，送電線や変圧器に流せる電流には温度上昇の点から上限があり，これを熱容量という．これは，抵抗損（オーム損）などによる機器の温度上昇が主要因である．そのほかにも発電機の安定性による制約がある．すべての送電線や変圧器における電流がこの許容範囲にあるかどうかを監視し，もし範囲を超えている機器があれば発電量や系統構成の変更によって解消する必要がある．これを潮流制御という．

2.3.4 保護制御

送電線の大部分は架空送電線であるため，落雷など自然現象の影響をまぬがれることはできない．図2.8のように送電線に落雷があると，落雷の電流（雷撃電流）によって落雷点の電圧が上昇して大地との絶縁が破壊され，そこに大きな電流（地絡電流）が流れ込む．この電流による送電線や変電所機器の破壊を防ぐため，送電線の両端の

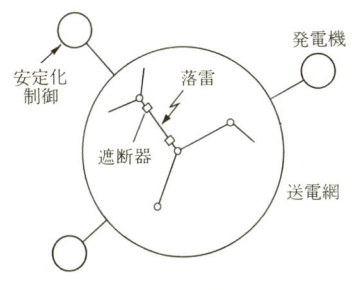

図2.8 保護制御

遮断器を高速度で開くことが行われる．これは系統を保護する最も基本的な制御であり，保護制御と呼ばれる．事故を検出し，遮断器を動かすシステムを保護リレーシステムと呼ぶが，今日の巨大な系統を運転できるのは，このシステムに負うところが大きい．

しかし，保護制御の意味はもっと広い．系統に落雷などの外乱が加わると，発電量と負荷量のバランスが一時的に崩れ，発電機の回転数が変動する．系統につながれている発電機は一般に同期発電機である．これらが一定の出力で電気を供給できるためには，すべての発電機が同じ速さで回転し，発電機間の位相が一定でなければならない．たとえば，高速道路を走る自動車の車間距離が変わらないようなもので，これを同期運転という．しかし，落雷などがあって発電機の出力が変動すると，位相に乱れが生じる．遮断器により外乱を除いた

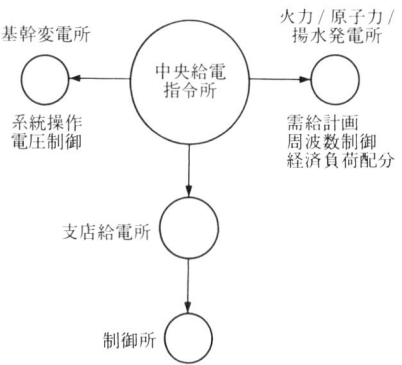

図 2.9　電力系統の運用組織の例

後，位相が新しい定常状態に落ち着けばよいが，そうでなければ運転を続けることができなくなる．これを過渡安定性と呼び，外乱に対する系統の強さを表す．同期を失った発電機を系統から切り放したり，そのため発電量が減って周波数が下がるのを防ぐために適当な負荷を遮断するのも保護制御の一部である．また，外乱がなくても，制御系の影響により発電機の位相が一点にとどまらず振動発散するような現象は動態安定性と呼ばれている．適当な制御を付加することにより，安定性を向上させる安定化制御も系統の運用上，重要な制御である．これらについては 8 章でより詳しく説明する．

　図 2.9 に電力系統を運用するシステムの構成例を示す．中央給電指令所，支店給電所，制御所から成る．中央給電指令所は，基幹系統とそれにつながる主要な火力，原子力，揚水発電所の運用を担当する．具体的には，翌日の需給計画，経済負荷配分，周波数制御，電圧制御，および系統操作を行う．支店給電所は大都市や県を単位とする地域供給系統の運用を担当し，電圧や潮流調整，および電力設備の操作を行う．制御所は水力発電所や変電所の監視制御を行う．

2.3.5　広域運用

　わが国には 10 の電力会社があり，それぞれの地域の電力系統を運用している．しかし，沖縄電力を除く 9 つの系統は図 2.10 のように連系されている．系統を連系することのメリットはお互いに電力を融通し合えるということ，およ

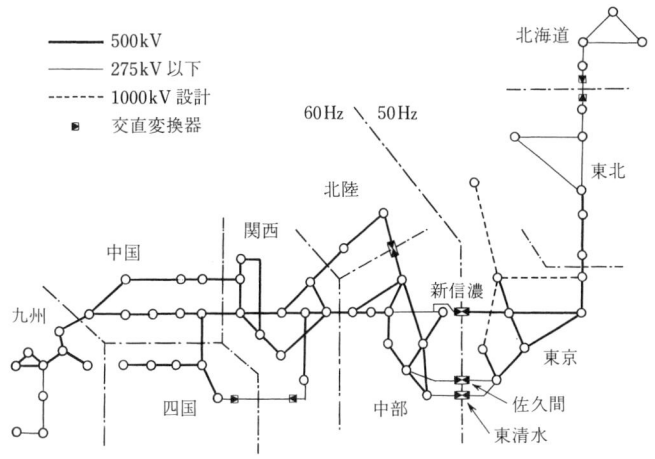

図 2.10　広域連系（東京などの名称は電力会社を示す）

び周波数が安定することにある．そのため，1951年に9電力会社が発足した当初から，連系が順次進められてきた．西日本と東日本は周波数が異なるが，1965年に佐久間周波数変換所において両者が連系されるようになった．さらに，1980年に北海道と本州間の直流連系が完成したことにより，9社すべてが連系されるに至っている．

　直流送電は交流送電に比して交直変換などの設備のせいで高価であり，一般には経済性に優れた交流送電が採用されている．しかし，やむを得ない理由や交流よりメリットがあるときは直流送電が用いられる．わが国では，図2.10に示した6カ所で直流送電が利用されている．60 Hzと50 Hzとの間は周波数変換が必要であり，佐久間，新信濃，東清水の3カ所に合計1,200 MWの設備がある．この3カ所は周波数変換が目的であり，直流の送電線はない．北海道と本州および四国と関西の間は海底ケーブルで結ばれており，直流送電が行われている．容量はそれぞれ600 MW，1,400 MWである．また，北陸と中部の間は同じ周波数であるが，周波数変換所と同じく直流送電線がなく交直変換所で連系されている．これをBTB (back to back) といい，潮流を制御するのが目的である．系統規模が大きくなると系統の安定性を維持するのが困難になるが，直流で系統を分割すると部分系統間の同期を考えなくてよい．したがって，現

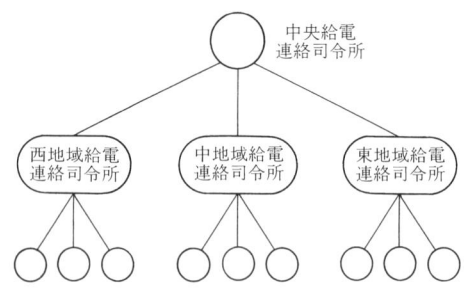

図 2.11 広域運用組織

在のように直流で系統が北海道，東北・東京，そのほかの 3 つに分割されていることは必ずしもむだなことではなく，むしろ有効なことである．

図 2.11 に広域給電運用における組織を示す．中央給電連絡指令所と地域給電連絡指令所とから成る．地域給電連絡司令所は 9 つの電力会社を 3 つの地域に分け，それぞれの地域ごとに設けられている．これらの組織は各電力会社の中央給電所と連絡をとりながら，電力会社間で電力を融通し，全体の効率的な運用を行っている．

演 習

2.1 電力系統にはどのような電源があるか．列挙せよ．また，接続されている電圧階級を述べよ．

2.2 わが国の電力系統の構成が単純なくし形系統から現在のような形態に発達した経過と背景を説明せよ．

2.3 電力系統にはどのような特徴があり，それがどの制御と結び付いているかを説明せよ．

2.4 式 (2.1) を導出せよ．

2.5 式 (2.1) より，送電線を介して送ることのできる有効電力は電圧の 2 乗に比例することがわかる．500 kV および 275 kV について最大の有効電力を求めよ．ただし，送電線のリアクタンスを 25Ω とする．

2.6 送電線の抵抗を 2.5Ω とすると，500 kV 送電線で 1,000 MVA の電力を送るときの抵抗損はいくらか．

2.7 500 kV 送電線を考える．いま，そのうちの 1 線が大地と短絡したとする．このとき流れる電流を求めよ．ただし，リアクタンスを 25Ω とする．

2.8 広域運用における直流送電の役割を例を挙げて説明せよ．

3

発電方式

電気を発生することを発電というが,発電機は電力系統を構成する最も主要な要素である.発電にはさまざまな方式があるが,今日の電力供給を担っているのは水力発電,火力発電,原子力発電である.本章ではこれらの方式について説明する.

3.1 はじめに

発電は熱エネルギーなどの他の形態のエネルギーを,高品質なエネルギー形態の電気に変換するものである.電力会社から送られる電気の主なものは,水力発電,火力発電,原子力発電で,それぞれ水の位置エネルギー,天然ガス,石油,石炭の燃焼によるエネルギー,ウランの核分裂反応によるエネルギーから作られる.これらのエネルギーを電気に変換するには発電機のほかにさまざまな設備が必要であるが,水力では水車,火力ではボイラ,タービン,原子力では原子炉,タービンが主な設備である.本章ではこれらの構造と働きや効率について説明する.また,火力発電で重要な概念である熱サイクルと熱効率,ガスタービンと蒸気タービンを組み合わせて高効率化をはかるコンバインドサイクルについても解説する.

3.2 水力発電

3.2.1 位置エネルギーの変換

水力発電は,水がある一定の高さ(落差)で有しているエネルギーを利用するものである.落差を得る方法により水路式,ダム式,ダム水路式に分けられる.図3.1に水路式水力発電の基本的な構成を示す.この方式では河川の勾配

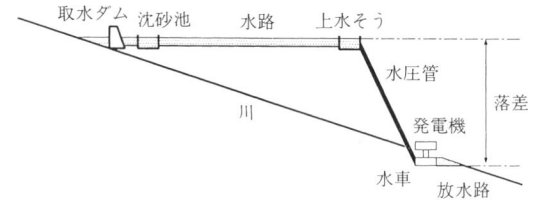

図 3.1 水力発電

を利用して落差を得る．まず，河川の上流に取水ダムを設けて取水する．次に，沈砂池で水に混じっている土砂を除いた後，水路により水を導く．水路の末端には上水そう（槽）が設けてある．上水そうには発電所で使用する水の 1, 2 分間分を貯めておき，使用水量の変動に対応する．水路の勾配が緩かであるため，図に示すように河川との間に高度差（落差）が生じている．この水を水圧管を通して落下させることにより水車を回転させ，発電機を駆動する．エネルギーを失った水は，放水路により導かれ，放水口からもとの河川に放出される．これに対し，ダム式では取水ダムの代わりに高いダムを築いて水位を上げ，それによって落差を得る．ダム水路式はダム式と水路式を組み合わせたものである．

発電に利用するのは水の位置エネルギーである．取水口と放水口における水面の落差を総落差というが，発電に利用できるのは水路や水圧管における損失を差し引いたもので，これを有効落差という．いま，水の質量を m(kg)，有効落差を H(m) とすると，水の位置エネルギーは mgH(J) である．ただし，g は重力加速度 $9.8 \mathrm{m/s^2}$ である．1 秒間に流れる水の量を $Q(\mathrm{m^3/s})$ とすると，毎秒 $Q \times 10^3$ (kg) の水が水車に供給される．これより，水の位置エネルギーは

$$P = 9.8QH \quad (\mathrm{kW}) \tag{3.1}$$

で表すことができる．これを理論水力という．水車と発電機の効率を考えると，発電機の出力は

$$P = 9.8\eta_w\eta_g QH \tag{3.2}$$

となる．ただし，水車効率 η_w は 85～93%，発電機効率 η_g は 90～98% 程度である．両者の積 η を総合効率という．例として，使用水量を $5\mathrm{m^3/s}$，有効落差を 100m，総合効率を 85% とすれば，発電機出力は約 4,200 kW になる．

式 (3.2) より明らかなように，発電機の出力は落差だけでなく，1秒間に使用できる水の流量に比例する．水の流量という点から分類すると，水路式発電は河川に流れる水の一部を利用しているため，流込み式と呼ばれる．利用できる水の量はその時々の河川の流量によって決まる．一方，ダム式では河川をせき止め，水を一度貯めてから利用する．貯水量の大きなダムでは年間を通じてほぼ一定量の水を供給することができる．この方式を貯水池式発電という．また，貯水量の小さなダムは調整池と呼ばれ，日もしくは週単位で使用水量を調整するのに用いられる．この方式を調整池式発電という．山岳地域に大きなダムを築いて水を貯え，その水を下流の小さなダムで調整しながら発電に利用するのが一般的な形態である．

3.2.2 水車と水車発電機

水車は水のエネルギーにより発電機を駆動するものである．ノズルから水を噴射し，その衝撃によりランナを回す衝動水車と，ランナから水が飛び出す反動によって回る反動水車がある．衝動水車にはペルトン水車，反動水車にはフランシス水車，斜流水車，プロペラ水車がある．図3.2に代表的なフランシス水車の構成を示す．フランシス水車では図 (a) のように水圧管の末端がランナを取り囲む円環状のケーシングにつながり，そこに圧力水が満たされている．圧力水は図 (b) のようにガイドベーン（案内羽根）を通ってランナに作用し，これを回転させる．ガイドベーンは水の流量を調整し，ランナの回転速度を一定に保つ．ガイドリングはガイドベーンの角度を一斉に変えるものである．エ

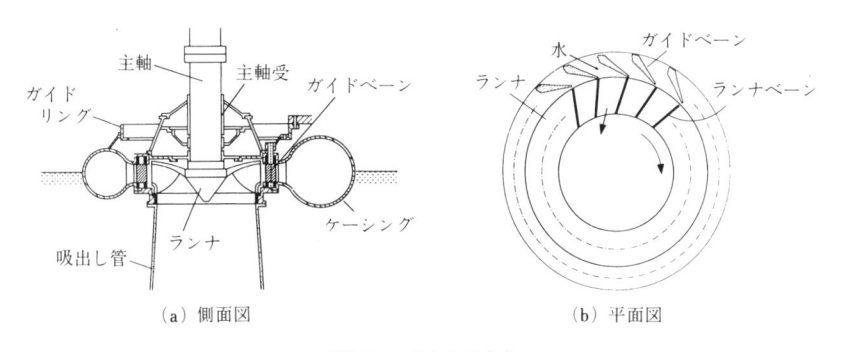

(a) 側面図 (b) 平面図

図 3.2 フランシス水車

ネルギーを放出した水は吸出し管から放水路へ導かれる．

吸出し管は2つの機能をもつ．まず，ランナは放水面より高い位置にあり，放水面に対し落差（位置エネルギー）をもつ．ランナ出口と放水面を吸出し管でつなぎ水で満たすと，ベルヌーイの定理により出口圧力は落差の分だけ大気圧よりも低くなる．ランナ入出口の圧力差が大きくなるため，位置エネルギーを回収することができる．もう1つは，ランナ出口の水はかなりの速度をもつが，吸出し管の断面積を徐々に大きくし速度を小さくすることによりその運動エネルギーを回収する．しかし，ランナ出口圧力が下がりすぎると水蒸気の泡が発生する．これをキャビテーションというが，ランナを傷め，かつ効率も低下するので吸出し管の高さを適切に選ぶ必要がある．

図3.3に水車発電機の構造を示す．突極形の同期発電機が一般に用いられる．回転子と固定子から成り，回転子軸は水車軸に連結されている．回転子には磁極があり，N極とS極が交互に並んでいる．回転子（の界磁巻線）による磁束が固定子の電機子巻線を横切ると，電機子巻線に交流の電圧が誘起される．N極とS極がp対あれば，1回転により，p個（サイクル）の交流電圧が生ずる．したがって，1分間の回転数をNとすれば，電圧の周波数は

$$f = \frac{N}{60}p \tag{3.3}$$

となる．たとえば，$N=600, p=6$とすれば$f=60\mathrm{Hz}$が得られる．回転数が大きいと，機械が小形になって経済的であるが，製作上の制約により一般に回

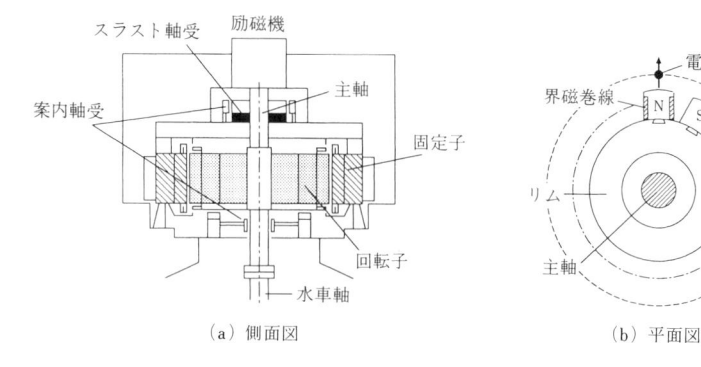

図3.3 水車発電機

転数は 125～1,200 rpm の範囲から選ばれる．磁極は電磁石であり，界磁巻線に直流電流を流すことで得られる．励磁機はその電源で，界磁電流の大きさを変えることにより発電機の端子電圧を調整する．スラスト軸受は回転子と水車ランナの重量を支えるものであり，案内軸受は主軸の軸振れを防止する．

3.2.3 揚水発電

図 3.1 に示したのは水路式と呼ばれる発電方式である．しかし，1955～1965 年にかけて水力発電の大容量化が進み，コンクリート重力ダム，アーチダム，ロックフィルダムなど大規模なダムを用いたダム式発電所が次々と建設された．一般水力における大形化技術は，この 10 年間にほぼ頂点に達したといえる．1965 年以降は大容量の火力や原子力発電が導入されるようになった．これらは一定の出力で運転することが多く，それに対応してピーク電源（負荷のピークをまかなう電源）として図 3.4 のような揚水発電所が開発された．この方式は上部および下部 2 つの貯水池をもち，夜間や週末の負荷が少ないときにポンプで下部貯水池の水を上部貯水池に揚水し，昼間のピーク負荷時にその水を使って発電する．上部貯水池に河川からの流入がほとんどないものを純揚水式，流入があるものを混合揚水式という．

揚水発電所は水車と発電機のほかに，揚水用ポンプと電動機を必要とする．発電機と電動機，および水車とポンプを兼ねるポンプ水車式が一般に採用されている．ポンプ水車は，反動水車を逆転することによってポンプとして使用するものである．ポンプ水車にはフランシス形，斜流形，円筒プロペラ形があるが，フランシス形ポンプ水車はフランシス水車に対応する．ポンプとしての性能を備えるため，ランナ径を水車よりも 30～40% 程度大きくとり，かつランナ

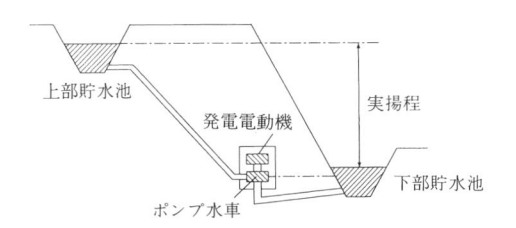

図 3.4 揚水発電所（ポンプ水車式）

ベーンの数を 6~8 枚にとっているものが多い．

図 3.4 において，下部貯水池水面に対する上部貯水池水面の高さ H_d を実揚程という．これに管路における損失水頭 h_l を加えたものが全揚程 H となる．いま，$Q(\mathrm{m}^3/\mathrm{s})$ を揚水量，$H(\mathrm{m})$ を全揚程とすると，電動機の所要出力 P_m は

$$P_m = (1.05 \sim 1.10) \times \frac{9.8QH}{\eta_p \eta_m} \tag{3.4}$$

で与えられる．ただし，η_p はポンプの効率で 85~92% 程度，η_m は電動機の効率で 98% 前後である．さらにこの式の係数のように，5~10% の余裕をもたせている．ポンプ水車は現在，1 段で最高揚程 700 m くらいまで対応できる．

揚水を始動するには，発電電動機とポンプ水車を始動しなければならないが，回転子の磁極位置を検出しながら停止状態から定格回転数まで上昇させるサイリスタ始動方式が主流となっている．また，始動に先立ち，圧縮空気により水車まわりの水面を押し下げ，始動動力を軽減する水面押し下げ制御が採用されている．1970 年に 240 MW のポンプ水車が採用され，1988 年には 360 MW に達している．さらに，揚水時の回転数を可変とすることで周波数制御に対応できる可変速揚水発電も実用化されている．

3.3 火力発電

3.3.1 火力発電の熱サイクル

図 3.5 に火力発電の基本的な構成を示す．まず，給水ポンプによりボイラに水を供給する．ボイラは石油，石炭，天然ガスなどの燃料を燃焼させて水蒸気

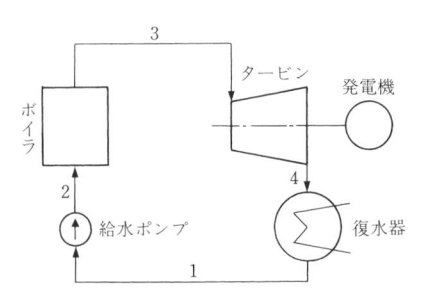

図 3.5 火力発電

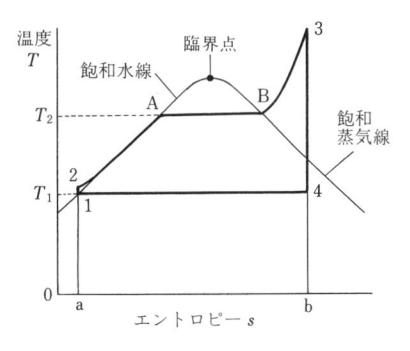

図 3.6 ランキンサイクル

を作り，燃料のもつ化学エネルギーを熱エネルギーに変換する．タービンは高温高圧の水蒸気を膨張させることにより，水蒸気の熱エネルギーを発電機を駆動する機械エネルギーに変える．熱エネルギーを放出した水蒸気は復水器において冷却され，水に戻る．水は再び給水ポンプによりボイラに供給される．水は熱を運ぶ媒体となっており，各構成要素を循環する．この閉じた系を熱サイクルという．

上記の熱サイクルにおいて構成要素に損失がない理想的なサイクルをランキンサイクルという．図 3.6 にそのエントロピー-温度線図を示す．図中の番号は図 3.5 の番号に対応している．1→2 は給水ポンプによる断熱圧縮に対応し，この過程ではエントロピーは一定で温度が少し上昇する．ボイラで水を熱すると温度が上昇し (2→A)，A 点で蒸発が始まる．このときの水を飽和水といい，温度を飽和温度という．蒸発は B 点で終わるが，この蒸気を飽和蒸気という．さらに熱を加えると蒸気の温度は上昇し，過熱蒸気となる (B→3)．タービンでは過熱蒸気を 3→4 のように断熱膨張させて機械的エネルギーを得る．4→1 は復水器で蒸気を冷却して水に戻す過程である．2→3 および 4→1 の過程はそれぞれ一定圧力のもとで行われる．飽和水線と飽和蒸気線は圧力を変化させたときの飽和水 (A) と飽和蒸気 (B) に対する温度とエントロピーを表している．両者の中間では水と蒸気が混合した状態にある．

3.3.2 熱効率

石油,石炭,天然ガスの燃焼によって得られる 1 kg 当たりの熱量はそれぞれ,約 45 MJ, 25 MJ, 54 MJ である.電力量 1 kWh は 3.6 MJ に等しいので,各燃料 1 kg は約 7〜15 kWh のエネルギーをもつことがわかる.しかし,すべてのエネルギーを電気に変換できるわけではない.

1 kg の水にボイラで加える熱量 Q_b,および復水器で放出される熱量 Q_c は

$$Q_b = \int_{2 \to 3} T ds, \qquad Q_c = \int_{1 \to 4} T ds \tag{3.5}$$

で表される.ただし,T は絶対温度 (K) である.Q_b から Q_c を引くと熱サイクルの機械的出力 P が得られる.

$$P = Q_b - Q_c \tag{3.6}$$

P はタービンの機械的出力 P_t から給水ポンプによる (kWh あるいは MJ で表した) 機械的入力 P_p を差し引いたものに等しい.サイクルの熱効率は熱的入力 Q_b に対する機械的出力 P の比である.よって

$$\eta_c = \frac{P}{Q_b} = \frac{Q_b - Q_c}{Q_b} \tag{3.7}$$

復水器で失われるエネルギーの割合が大きいため,熱サイクル効率 η_c は 50% 前後となり火力発電所の効率を決める主要因となる.これにボイラ,タービン,発電機の効率を考えると,発電所の熱効率は

$$\eta = \eta_b \eta_c \eta_t \eta_g \tag{3.8}$$

となる.ただし,ボイラ効率 η_b は 85〜90%,タービン効率 η_t は 84〜94%,発電機効率は 98% 以上であるので,発電端熱効率 η は約 41% となる.さらに,発電所内で使用する電力(数%)を引いたものは送電端熱効率と呼ばれる.熱サイクル効率 η_c を上げるには,ボイラの蒸気圧力を高くし,温度 T_2 を上げればよい.現在は,566°C,24.2 MPa が一般に採用されている.この温度,圧力は臨界点を超えており,超臨界圧ボイラと呼ばれている.

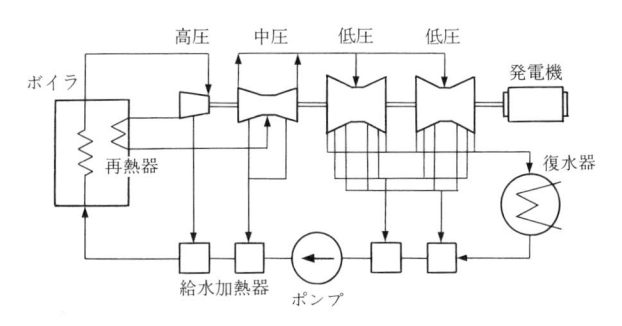

図 3.7　再熱再生サイクル

図3.7にもう少し詳しい火力発電の構成例を示す．高温高圧の蒸気を用いるため，タービンは高圧，中圧，低圧に分かれている．高圧タービンを出た蒸気は，ボイラに戻し再熱器でもう一度加熱して乾燥過熱する．また，タービンから抽気した蒸気を用いて給水加熱器で給水を温めることにより，復水器で失われるエネルギーの割合を少なくする．この方式は再熱再生サイクルと呼ばれ，大形の火力発電所で一般に採用されている．

3.3.3　ボイラとタービン

図3.8にボイラの構成を示す．まず，燃料と空気をバーナで燃焼させ，燃焼ガスを火炉内に送り込む．火炉の壁は水冷管から成っており，燃焼ガスの放射熱を吸収して水を蒸発させる．蒸気は円筒状のドラムに集められ，水分を分離し

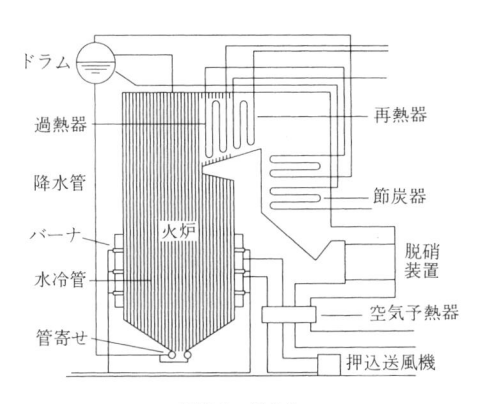

図 3.8　ボイラ

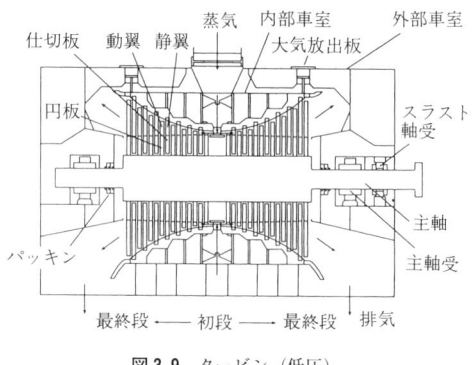

図 3.9 タービン（低圧）

た後，過熱器を経て高圧タービンに送られる．超臨界圧ボイラではドラムがなく，水管のみで蒸発から過熱までを行う貫流ボイラが用いられる．高圧タービンで仕事をした蒸気は煙道の再熱器で対流熱により加熱される．節炭器は給水を飽和温度まで温めるものである．脱硝装置で燃焼ガスに含まれる亜硝酸ガスを除く．空気予熱器はバーナに送る空気をあらかじめ温めておくものである．ボイラからの排ガスは電気集じん器でガス中のちりを，脱硫装置で亜硫酸ガスを除去したのち煙突から放出される．

　図3.9にタービンの構造を示す．タービンの主軸にはいくつかの円板が設けてあり，その周囲に動翼が植えてある．円板と円板は仕切板により隔てられている．仕切り板にはノズル（静翼）がはめ込んであり，ノズルから蒸気を噴射して動翼に当て主軸を回転させる．仕切り板と円板は段を形成するが，蒸気圧力の高い方から初段，2段，…，最終段となる．蒸気は図のように中央部から入って左右に分かれ，静翼と動翼の間を軸方向に通過する．最終段より排出された蒸気は下向きに方向転換し，復水器へ導かれる．

　図3.10にタービン発電機の構造を示す．発電機には円筒形同期発電機が用いられる．回転子は2極または4極であり，60Hzの場合，1分間の回転数はそれぞれ3,600または1,800となる．高速回転における材料強度の面から直径が1,100mm程度に抑えられるため，軸方向に長い構造となる．軸端には界磁巻線が飛び出さないよう保持環が付いている．固定子には電機子巻線（固定子コイル）がある．界磁および電機子巻線の冷却はファンによる水素冷却となっ

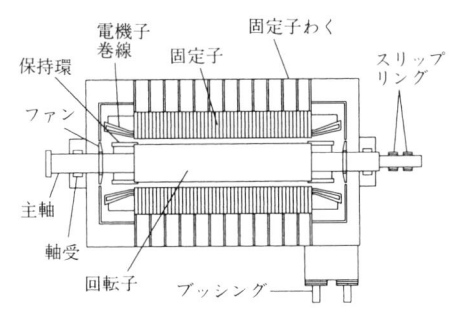

図 3.10 タービン発電機

ているが，大形機では電機子巻線を水冷とする．発電機の容量は500，600，700 MW などが採用されており，効率も98.5%以上となっている．

3.4 コンバインドサイクル発電

3.4.1 コンバインドサイクル発電の構成

蒸気タービンを用いた従来の火力発電の熱効率は約41%である．蒸気の温度は566°Cが一般に用いられてきたが，新しい耐熱材料が開発されたことにより，600°Cを超える蒸気温度が採用され，熱効率も43%程度にまで向上している．これに対し，ガスタービンと蒸気タービンを組み合わせたコンバインドサイクル発電が1985年頃から導入され始め，2000年末現在で約20,000 MW が設置されている．

図3.11にコンバインドサイクル発電の構成を示す．主な構成要素はガスタービン，蒸気タービン，および排熱回収ボイラである．まず，ガスタービンでは圧縮機で大気より空気を吸入して圧縮し，燃焼器に送る．燃焼器では燃料を燃やしてこの空気を加熱し，高温の燃焼ガスを得る．そして，タービンはこのガスを膨張させることにより発電機を駆動する機械エネルギーに変換する．タービン入口におけるガスの温度は1,100～1,500°Cで非常な高温であるが，ガスタービンの排気温度も500～600°Cと高いため，これを排熱回収ボイラに導いて蒸気を作り，残りの熱エネルギーを回収する．この蒸気により蒸気タービンを駆動し，発電機を回す．蒸気タービンの排気温度は30°C程度である．この

3章 発電方式

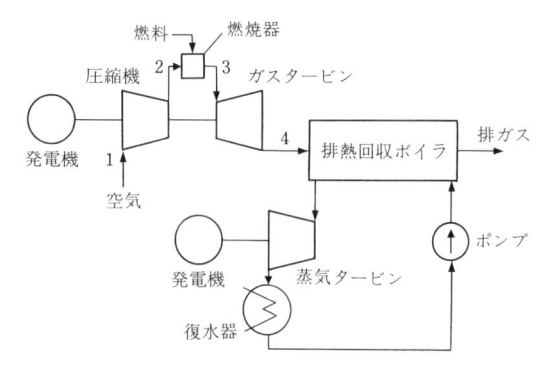

図 3.11 コンバインドサイクル発電

ようにガスタービンを蒸気タービンと組み合わせることにより高温域から低温域まで熱のエネルギーを利用することができる．1,300°C級ガスタービンによるコンバインドサイクルでは熱効率が48〜50%に達している．その内訳は，まず，燃料のエネルギー100%のうち，34%がガスタービンで電気エネルギーに変換される．残り（66%）の48%が排熱回収ボイラで回収され，18%は排ガスとして大気に放出される．回収された48%の内，17%が蒸気タービンにより電気エネルギーに変換され，残り31%は復水器で失われる．電気エネルギーの合計は51%となるが2%が損失により失われ，発電端効率は49%となる．

3.4.2 ガスタービンの熱サイクルと熱効率

図3.12はガスタービンの熱サイクルを示したものである．構成要素に損失が

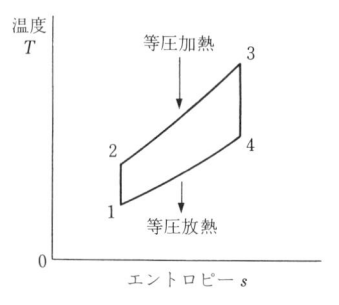

図 3.12 ブレイトンサイクル

ない理想的なサイクルをブレイトンサイクルという．図中の番号 1～4 はそれぞれ図 3.11 の圧縮機入口，圧縮機出口，タービン入口，タービン出口に対応する．各部の温度や圧力に 1～4 の添字を付す．前項のプロセスを再度，熱サイクルとして説明すると次のようになる．大気から取り込まれた空気はまず圧縮機で断熱圧縮され (1→2)，次に燃焼器で等圧加熱 (2→3) の後，タービンでは大気圧まで断熱膨張し，機械的仕事をする (3→4)．排気は大気内で等圧冷却され (4→1)，サイクルを閉じる．

いま，空気 1 kg について，このサイクルの熱効率を求める．2→3 の変化は定圧加熱であるから，加熱量は

$$Q_1 = c_p(T_3 - T_2)$$

となる．ただし，c_p は定圧比熱 (kJ/kg°C) である．また，4→1 は定圧冷却であるから，放熱量は

$$Q_2 = c_p(T_4 - T_1)$$

となる．熱サイクルのなす機械的仕事は両者の差であることから，理論熱効率 η は

$$\eta = \frac{Q_1 - Q_2}{Q_1} = 1 - \frac{T_4 - T_1}{T_3 - T_2}$$

となる．一方，温度について

$$\frac{T_2}{T_1} = \left(\frac{p_2}{p_1}\right)^{(k-1)/k}, \qquad \frac{T_3}{T_4} = \left(\frac{p_3}{p_4}\right)^{(k-1)/k}$$

が成り立つ．ただし，p は圧力，k は比熱比である．$T_1 \sim T_4$ は絶対温度 (K) であることに注意する．2→3 と 4→1 とが等圧変化であることから，$p_3 = p_2$，$p_4 = p_1$ が成り立つ．これより，圧力比 r および等エントロピー圧縮温度比 θ を

$$r = \frac{p_2}{p_1}, \qquad \theta = \frac{T_2}{T_1} = r^{(k-1)/k}$$

とすれば，熱効率は

$$\eta = 1 - \frac{1}{\theta} \tag{3.9}$$

となる．空気の比熱比を $k = 1.4$ とし，圧力比を 15 とすれば理論熱効率は約 54% となる．実際には圧縮機やタービンの効率を考慮する必要があり，熱効率はこれより小さい値となる．

3.4.3 ガスタービンの構造と動作

図 3.13 にガスタービンの構造を示す．ガスタービンの出力はタービンを通過する空気流量に比例する．このため，圧縮機およびタービンは容積当たりの処理流量が多い軸流圧縮機および軸流タービンが用いられる．空気はケーシングと回転子に挟まれた環状の部分を主軸に沿って移動する．空気が圧縮されるにつれて流路面積が小さくなっていく．回転子は円盤状のディスクを重ね合わせた構造となっており，段数を多くすることにより圧力比を高くできる．1,300°C 級のガスタービンに圧力比 15，圧縮機段数 18 の例がある．

燃焼器には缶形，マルチキャン形，キャニュラ形，アニュラ形がある．図 3.13 はマルチキャン形であり，円筒状の缶形燃焼器をタービンの周囲にいくつか配置したものである．缶形燃焼器は外筒と内筒の二重構造になっており，圧縮空気はその間を通って，内筒に入り燃焼する．燃焼温度が 2,000°C 近くになると NO_x（窒素酸化物）の発生が多くなるので，燃料と空気とを混合させた後に燃焼させる予混合燃焼方式などにより燃焼温度を下げる工夫がなされている．燃焼ガスはタービンに導かれ，機械的動力を発生する．

タービンの段数は 3～5 が一般に採用されている．段数を多くすることにより任意の圧力降下を得ることができる．しかし，燃焼ガスの温度が高いため，タービン翼や翼を取り付ける円板に高価な耐熱材料を必要とするので，段数を少なくすることは製造費の点から重要である．図 3.14 にタービン第 1 段における静翼と動翼の構造を示す．燃焼ガスの温度が翼材料の耐えうる温度より高いため，圧縮機から冷却空気を取り出し，それによって翼を冷却している．静翼

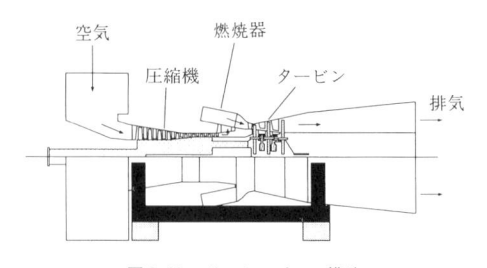

図 3.13 ガスタービンの構造

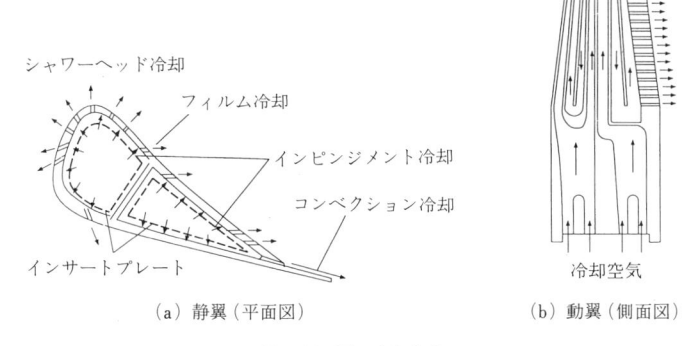

(a) 静翼（平面図）　　　(b) 動翼（側面図）

図 3.14 翼の冷却方式

の内部には冷却空気が通るインサートプレートがあり，その穴から空気を吹き付けて翼内面を冷却する．また，翼表面から空気を吹き出して空気の膜を形成している．動翼についても内部に空気の流路を形成し，対流冷却を行う．

3.5 原子力発電

3.5.1 核分裂反応

図 3.15 に原子力発電の原理的な構成を示す．原子力発電は火力発電と同じく蒸気を発生し，その力でタービンを回転させるものである．したがってタービン，発電機，復水器などについては火力発電とほぼ同じである．異なるのはボイラの代わりに原子炉が用いられることであり，よって本節では原子炉についてのみ説明する．

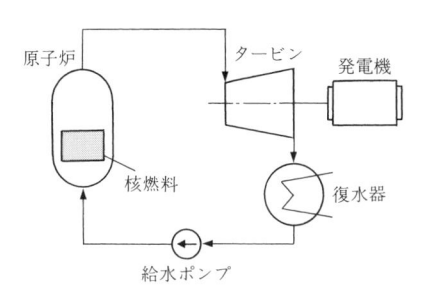

図 3.15 原子力発電

原子力発電はウランの核分裂によって発生するエネルギーを利用する．天然ウランには約 99.3% の ^{238}U と 0.7% の ^{235}U が含まれている．このうち，発電に利用されるのは ^{235}U であり，その反応式は

$$^{235}\text{U} + \text{n} \Rightarrow \text{A} + \text{B} + 2.5\text{n} + 195\text{MeV} \tag{3.10}$$

で表される．ウランが中性子と反応するとA，B 2つの破片（核分裂生成物）に分裂する．質量数は90および140前後である．このとき，式(3.10)の反応当たり約195 MeVのエネルギーを放出する．分裂破片の運動エネルギーがほとんどであるが，このエネルギーは近傍の物質と衝突して熱エネルギーに変わる．このエネルギーを水などにより取り出すのが原子力発電である．1kgのウラン ^{235}U に含まれるすべての原子が核分裂すると

$$195\text{MeV} \times 6.02 \times 10^{23} \times 1000/235 = 8.0 \times 10^{10}\text{kJ} = 925\,\text{MW日}$$

の熱エネルギーが放出される．ただし，6.02×10^{23} はアボガドロ数，1eV=1.60×10^{-19}Jである．1 MW日は1 MWで1日分の電力量を表す．石油のエネルギーを45 MJ/kgとすれば，1kgのウランは石油約1,800 t分に相当するエネルギーを有する．

3.5.2 原 子 炉

図3.16に原子炉の概念図を示す．原子炉は燃料棒，制御棒，減速材，冷却材，反射体，熱遮へい，および生体遮へいから成っている．まず，燃料棒で核分裂が起きると，式(3.10)より平均2.5個の高速中性子が放出される．この中性子は減速材の原子と衝突することによりエネルギーを失い，減速材と熱平衡に達した中性子，すなわち，平均約0.025eVのエネルギーをもつ熱中性子になる．中性子の速度が遅いほど，核分裂は起こりやすい．途中，減速材や ^{238}U な

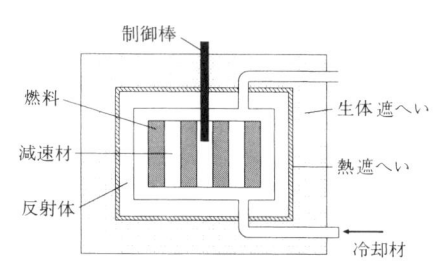

図 3.16 原子炉の概念図

どに吸収され中性子の個数は減っていくが，最終的に ^{235}U に吸収されて核分裂を起こす中性子が1個あれば，核分裂は持続する．式で表せば

$$K_{\text{eff}} = \eta \varepsilon p f \times L \tag{3.11}$$

となる．K_{eff} は原子炉の実効倍率と呼ばれる．η は1個の熱中性子が燃料に吸収されたとき核分裂によって出る中性子の数である．ε は速い中性子が核分裂を起こすことにより中性子が増える割合，p は共鳴吸収を逃れる確率，f は熱中性子利用率で，燃料に吸収される熱中性子の割合を示す．L は中性子が原子炉から漏れない確率であり，反射体を設けて漏れる中性子の数を減らす．水を減速材とする現行の軽水炉では，$\eta \simeq 1.8$, $\varepsilon \simeq 1.0$, $p \simeq 0.8$, $f \simeq 0.9$ 程度である．L は原子炉の材料，組成，形状，および寸法によって決まる．図 3.16 の熱遮へいは鉄などで作られ，放射線を吸収し外側の生体遮へいが熱的に破壊されるのを防ぐ．生体遮へいは人体に影響のない程度まで放射線の量を減らすもので，コンクリートなどが用いられる．

式 (3.11) の K_{eff} が 1 ならば核分裂が持続し，この状態を臨界という．軽水炉では K_{eff} を 1 以上にするため，^{235}U の濃度を天然ウランより高くした濃縮ウランを用いる．0.7％の天然ウランに比べて濃縮ウランの濃度は 2~3％くらいである．燃焼により K_{eff} は小さくなっていくため，余裕をみて K_{eff} を 1 よりも大きくしておく．両者の差を余剰反応度という．しかし K_{eff} が 1 より大きいと，熱中性子が時間とともに増え，核分裂反応が増えて出力が指数関数的に増すことになる．したがって，核分裂が無制限に増加しないように制御する

(a) 燃料棒 　　　(b) 燃料集合体

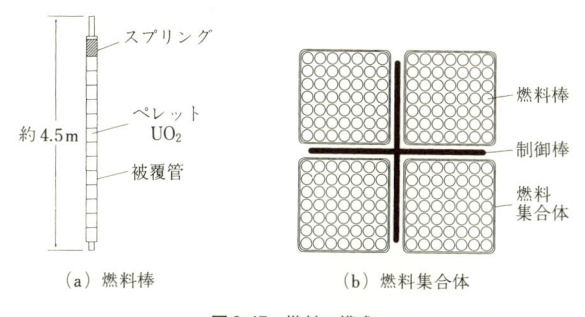

図 3.17 燃料の構成

には K_{eff} を調整する必要がある．制御棒は中性子を吸収しやすいホウ素から成っており，炉心に出し入れすることで K_{eff} を調整し原子炉を運転および停止する．図 3.17 に燃料の構成例を示す．燃料棒は直径 10 mm, 高さ 10 mm 程度の UO_2 ペレットをジルコニウム合金の被覆管に収めたものである．長さは 4.5 m くらいである．燃料棒を図 (b) のように集めたものを燃料集合体というが，$7 \times 7 = 49$ 本の燃料棒から成っている．原子炉のなかには数百本の燃料集合体が収められている．

3.5.3 軽水減速冷却炉

図 3.18 にわが国で実用されている原子炉を示す．減速材，冷却材，反射体に普通の水を用いる軽水減速冷却炉である．ほかに黒鉛を減速材とし炭酸ガスやヘリウムを冷却に用いる黒鉛減速ガス冷却炉，カナダが開発し実用化している重水減速重水冷却炉がある．

軽水形原子炉あるいは軽水炉には，沸騰水形と加圧水形の 2 種類がある．沸騰水形原子炉（BWR: boiling water reactor）は炉内で発生した蒸気を直接タービンに導くものである．蒸気の温度は約 285°C，圧力は約 7 MPa である．飽和温度に近い水が炉心下部から入り，上部から蒸気になって出ていく．そのため炉心上部では気泡が多くなり，核反応が抑えられる．出力を平坦にするため，制御棒を下から挿入し，炉心下部の核反応を調整する．再循環ポンプは炉心に

(a) 沸騰水形原子炉（BWR） （b) 加圧水形原子炉（PWR）

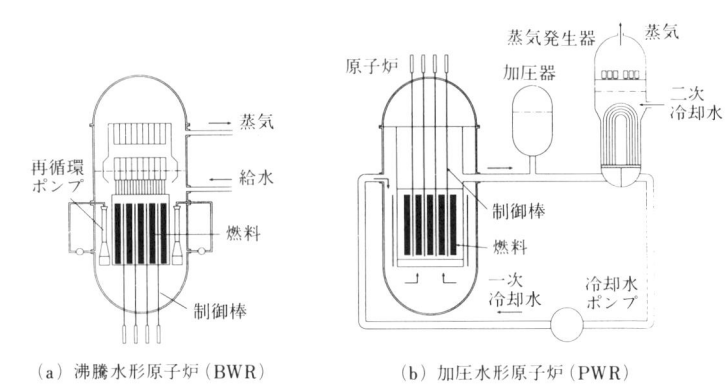

図 3.18 軽水形原子炉

流れる水量を変えることにより，原子炉の出力調整を行う．

加圧水形原子炉（PWR: pressurized water reactor）は原子炉内で加熱された約 320°C, 15.7 MPa の加圧水（一次冷却水）を蒸気発生器に導き，その熱で蒸気を発生するものである．蒸気の温度は約 265°C，圧力は約 5.5 MPa である．PWR では一次冷却水のなかにホウ素を添加することにより，余剰反応度を抑えることが可能である．そのため，ウランの濃縮度を高くし，体積当たりの出力（燃焼度）を大きくすることができる．出力の調整は制御棒による．また，一次冷却系と二次冷却系に分かれているため，放射能で汚染される範囲が BWR より小さくなる．しかし，BWR, PWR いずれの方式でも蒸気圧力が低く，飽和蒸気を用いているため，発電端熱効率は 32~3% にとどまる．

演 習

3.1 1 年間の平均使用水量が $10 \text{m}^3/\text{s}$ の水力発電所がある．有効落差を 30 m，総合効率を 85% とすると，発電機の出力 (kW) および年間の総発電量 (kWh) はいくらか．

3.2 水車の 1 分間の回転数は次式によって決まる．

$$N = n_s \frac{H^{5/4}}{P^{1/2}}$$

ただし，n_s は水車の形状によって決まる比速度，H は有効落差 (m)，P は出力 (kW) である．回転数が大きいほど，寸法が小さくなり価格も安くなるが，製造上の制約がある．フランシス水車では

$$n_s \leq \frac{21,000}{H+25} + 35$$

により与えられる．いま，有効落差を 256 m，出力を 40,000 kW とするとき水車の回転速度はいくらになるか．また，発電機の周波数が 60 Hz であるためには回転数および磁極数はいくらにすればよいか．

3.3 ランキンサイクルの熱効率は式 (3.7) により与えられる．これを求めるには，ボイラにおける加熱量 Q_b と復水器における放熱量 Q_c が必要である．いま，タービン入口と出口における蒸気のエネルギー（エンタルピーという）を 3,100 kJ/kg，2,340 kJ/kg，復水のエネルギーを 150 kJ/kg とするとき，ランキンサイクルの熱効率はいくらになるか．ただし，給水ポンプに必要なエネルギーは無視する．

3.4 コンバインドサイクル発電の効率が通常の火力発電より高くなる理由を説明し，損失と発生エネルギーの例を述べよ．

3.5 式 (3.9) を導け．

3.6 ブレイトンサイクルにおいて，圧力比を 15 とする．圧縮機入口温度を 20°C，タービン入口温度を 1,350°C とすると，それぞれの出口温度はいくらか．ただし，空気の比熱比を 1.4 とする．空気の定圧比熱を 1 kJ/kg°C とするとき，空気 1 kg 当たりの 1 サイクルに必要な加熱量および燃料はいくらか．ただし，燃料の発熱量は 43 MJ/kg とする．

3.7 1 kg の ^{235}U の核分裂エネルギーを 1,000 MW 日とする．1,000 MW の原子力発電所を 2 年間運転するために必要な ^{235}U の量を求めよ．ただし，熱効率を 33% とする．

3.8 1,000 MW の原子力発電所の熱効率を 33% とする．復水器の冷却には海水が用いられ，冷却水の温度上昇は 5°C とする．1 時間に必要な海水の量を求めよ．ただし，海水の比熱および密度を 4 kJ/(kg°C)，1,000 kg/m^3 とする．

4

送 電

電力系統の発電，送電，変電，配電のうち，送電はいわば動脈である．この章ではまず送電方式と送電電圧の基礎的な用語や内容を説明する．次に気中送電線の構成とがいし類，地中送電線として CV ケーブルや OF ケーブル，最後に直流送電線について説明する．

4.1 はじめに

電源（各種の発電機や発電設備）で発生した電力を輸送するのが送電（transmission）である．電源と電気を使用（消費）する装置や道具（しばしば負荷という）を直接接続するだけの短距離の線路や接続導体は，送電あるいは送電線とはいわない．電力を最終的には不特定の消費者まで輸送する途中の長距離の経路が送電（線）である．電力系統ではさまざまな理由から，発電機の発生する電圧よりも昇圧して送電するが，この高電圧線路を送電線と呼び，消費者に近い部分の線路は配電線と呼んで区別している．図 4.1 に示すように，水力，火力，原子力の発電所から 500 kV，275 kV の送電線で送られてきた電力は何段階かの送電用変電所を経て配電用変電所に至る．一部の水力，火力発電所は元々 154 kV 以下の送電電圧で途中の変電所に至るものもある．

1 章の表 1.2 に示したように，2000 年のわが国の総発電設備は約 2 億 kW，電力需要はおよそ 1 兆 kWh である．このほとんどは送電線で送られるから，送電は多量の電気エネルギーを消費地まで送るいわば動脈である．わが国では大容量発電所の多くは消費地から離れた地点に建設されるので，送電線は山岳地を通ることが多い．そのため，雷，台風，雪，地震など過酷な自然現象に耐えて，信頼性が高く，効率の良い線路を建設することが必要で，これを可能とする送電技術は非常に重要である．

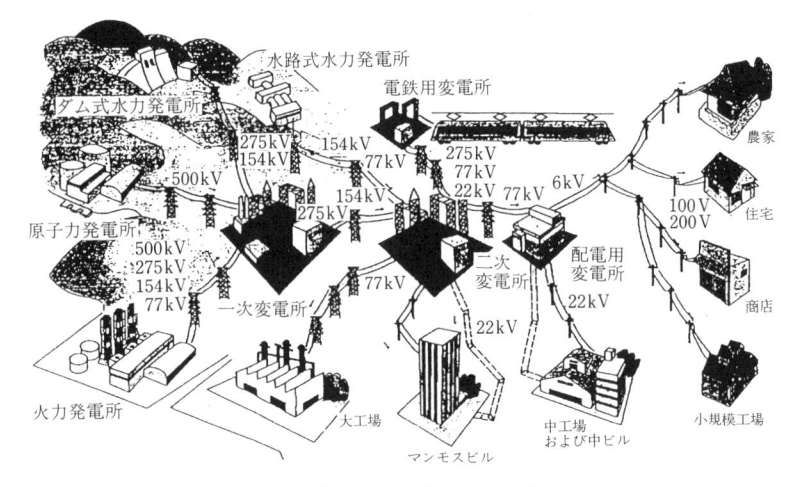

図 4.1 発電から配電までの電力の流れ

4.2 送電方式と送電電圧

1章に述べたように，送電方式はまず直流と交流に分けられる．交流送電と直流送電にはそれぞれ長短があり，交流直流を変換するパワーエレクトロニクス機器の進展によって，直流送電のいろいろな箇所への適用が進んでいる（9.2節参照）．しかし，現時点では送電方式の主流はなお交流である．また電気を使用する機器の方も，各種の回転機，家庭電気製品を始めとして圧倒的に交流用が多い．一方，送電方式や送電線を形態から分類すると架空（気中）送電と地中送電になる．これは長距離の高電圧送電を実現するための絶縁方式の相違と考えることもできる．都市近傍では地中送電が増えているが，現在なお大半の送電は大気中に建設された架空送電である．

送電に限らず電力系統の電圧は，数種類の標準的な値に統一されている．また対応する電力機器もその値（正確には送電電圧に対応する試験電圧値）に応じた寸法に設計され製造される．電力系統の実際の電圧は運転状態によって変わるが，各線路を代表する標準的電圧として公称電圧と呼ぶ値を用いる．交流の電圧は三相の線間（相間）電圧の実効値を用いる．一方直流電圧では公称電圧は対地電圧を意味する．したがって直流双極の $\pm 500\,\mathrm{kV}$ では線間電圧は $1{,}000\,\mathrm{kV}$

表 4.1 わが国送配電系統の公称電圧と最高電圧（JEC-158-1970 による）

公称電圧 [kV]	3.3	6.6	11	22	33	(66	77)	110	(154	187)	(220	275)	500
最高電圧 [kV]	3.45	6.9	11.5	23	34.5	(69	80.5)	115	(161	195.5)	(230	287.5)	525/550

(注1) ( ) 内は 1 地域ではいずれか一方を採用する．
(注2) 500 kV の最高電圧は各送電線ごとにどちらかを採用する．

になることに注意が必要である．すなわち直流 ±500 kV を交流 500 kV の波高値と比べると，線間電圧は約 1.4 倍，対地電圧は約 1.2 倍 ($=\sqrt{3}/\sqrt{2}$) になる．

正常な運転電圧で発生する電圧の最高値を系統の最高電圧と呼ぶ．交流電圧の場合，最高電圧を U_m とすると，対地電圧は $U_m/\sqrt{3}$，線間では U_m （波高値はそれぞれ $\sqrt{2}$ 倍）を超える値を過電圧と呼ぶ．過電圧を異常電圧と呼ぶこともある．過電圧については 10 章でさらに詳しく説明する．

表 4.1 はわが国の送配電線路の公称電圧と最高電圧の系列を示しているが，ほぼ次のような関係にある．

$$\text{最高電圧} = (1.05 \sim 1.1) \times \text{公称電圧} \tag{4.1}$$

電力系統および電力機器の絶縁は，最高電圧をもとにして決められる．公称電圧 500 kV には最高電圧が 2 種類あるが，発生する過電圧にあまり差がないことと絶縁のレベルを統一する方が便利である点から，機器の絶縁（たとえば 10 章の試験電圧）は同じ値に規定されている．

わが国では一般に公称電圧 187～275 kV を超高圧，500 kV を超超高圧と呼んでいる．ただし，国際的な定義では 250 kV 以上を EHV (extra high voltage) と呼ぶ．500 kV より上の次期送電電圧を UHV (ultra high voltage) と呼ぶが，わが国では公称電圧 1,000 kV，最高電圧 1,100 kV である．一方，直流電圧では超高圧は ±200～±400 kV 程度を意味し，±400 kV を超える将来の電圧を UHV と呼んでいる．

図 4.2 はわが国の交流送電線の送電電圧（公称電圧）のこれまでの増加状況を示している．参考のために送電電圧の海外の最高値も示している．ただしわが国の 1,000 kV 送電線は建設だけでまだ 1,000 kV での送電には至っていない．三相交流送電線の送電容量 W (VA) は $\sqrt{3}VI$ で与えられ，線間電圧 V と線電流 I のどちらを増加しても送電容量は比例して増大する．この図からわかる

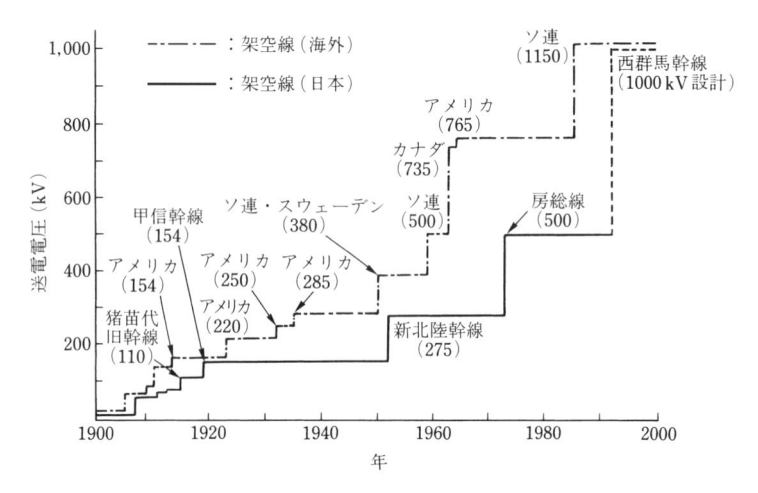

図 4.2 交流送電の送電電圧（架空送電線）の増大

ように，送電電圧は 1952 年（昭和 27 年）以前の 154 kV から現在の 500 kV に 3 〜 4 倍上昇したに過ぎない．1,000 kV 送電が実現しても 6 〜 7 倍である．これらに比べて電流容量は 1950 年頃の 500 A から現在は最大 12 kA と 20 倍以上になり，上昇率は電圧よりはるかに高い．この電流容量の増大は主に導体径，素導体数の増加によってもたらされたものである．

4.3 架空送電線

4.3.1 概　　要

10 章に述べるように，送電線に限らず高電圧電力機器の絶縁は開放形と密閉形に分けられる．開放形は大気で絶縁する場合で，普通気中絶縁という．架空送電あるいは気中送電は大気で絶縁して電力を輸送する送電方式である．これを架空送電線あるいは気中送電線（overhead transmission line）と呼ぶ．現在，どこの国においても高電圧，長距離の送電線はほとんど架空送電線である．わが国では同じ経路（ルート）で三相を 2 回路分送る 2 回線送電線が普通である．図 4.3(a) に示すように，四角鉄塔の上部両側に三相の導体を縦に配置

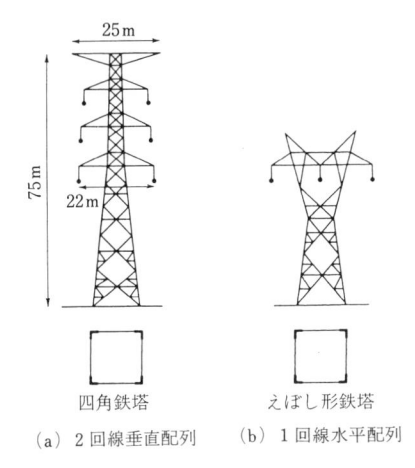

(a) 2回線垂直配列　　(b) 1回線水平配列

図 4.3 送電鉄塔の例（寸法は 500 kV 送電線の例）

し（したがって三相が二重になる），頂部には雷から遮へいするための接地された電線（これを架空地線と呼ぶ）が 1 ～ 3 本設置される．一方欧米諸国では図 4.3(b) に例を示すように，1 ルートに三相を水平に配置した 1 回線の送電線が多い．鉄塔と鉄塔の間隔（径間長という）は送電電圧，場所によって非常に相違するが，わが国の場合平地の標準的な間隔はおよそ 200 ～ 400 m である．

4.3.2　電流容量と導体構成

高電圧大容量の送電線の導体は 1 本の電線ではなく，何本かの電線（素導体：subconductor）をある間隔だけ離して配置する構造が用いられる．これを多導体あるいは複導体と呼び，その構成を $410\,\mathrm{mm}^2$（素導体の断面積）× 4 導体（あるいは × を除いて）などと表す．架空送電線の電流容量は導体の温度上昇と電力系統の安定性（8 章）から決められるが，温度上昇は素導体の径や本数を増加して通電の断面積を増すことで対処できる．一方，安定性は送電距離の増大とともに低下し，導体の断面積を増やしても大きくできないので，回線数を増やすか送電電圧を上げることが必要になる．

220 ～ 500 kV の架空送電線においては，温度上昇のほかにコロナ放電による電波障害も考慮して導体の最小許容サイズが決められる．導体の径（多導体では素導体全体の位置を考慮した等価的な径を考える）が大きいほど表面の電

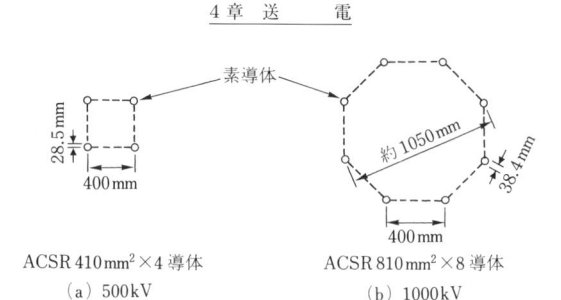

図 4.4 架空送電線の導体方式の例
(a) 500 kV　ACSR 410 mm² × 4 導体
(b) 1000 kV　ACSR 810 mm² × 8 導体

界（電位傾度ともいう）が低くなり，コロナ放電による雑音や騒音が低下する．275 kV では 330 mm² 単導体，500 kV では 330 mm² 4 導体が最小限度とされている．一方，1,000 kV 級の UHV 送電では雨中のコロナ騒音が支配的になり，たとえば 810 mm² の 8 導体を要することになる．多導体では，短絡事故時に素導体間に電磁力が働き，衝突，吸着が起こることにも注意が必要である．素導体の配置としては，もっぱら，正四角形など正多角形の対称的な配置が用いられる．500 kV および 1,000 kV 送電線の導体方式の例を図 4.4 に示す．1,000 kV 送電線では直径約 1 m の円周に素導体を配置した構成になる．

素導体（線種）には鋼心アルミより線（ACSR: aluminium conductor steel reinforced）が用いられる．図 4.5 に示すように，強度をもたせるために中心を鋼とし周囲にアルミニウム線を巻き付けた構造である．ACSR 410 mm² 4 導体の 500 kV 送電線は温度上昇の点からは 1 回線当たり 300 万 kW の送電容量，ACSR 810 mm² 8 導体の 1,000 kV 送電線では 1,800 万 kW の送電容量を有する．ACSR は許容温度が連続 90°C，短時間 120°C であるため，これを改良した鋼心耐熱アルミ合金より線（TACSR: thermo-resistant aluminium-alloy conductor steel reinforced）も開発されている．TACSR は鋼心のまわりに耐熱アルミ合金線をより合わせたもので，許容温度が連続 150°C，短時間 180°C である．たとえば ACSR 810 mm² の連続使用電流が約 1,200 A であるのに対して，TACSR 810 mm² は約 2,000 A と 1.6 倍の大電流を流すことができる．

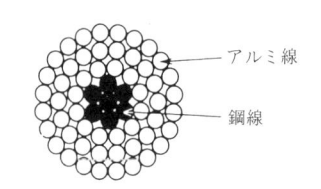

図 4.5 ACSR の断面（アルミ線／鋼線）

架空地線（overhead ground wire；overhead earth wire，しばしば GW：ground wire と略称される）の線種は，常時の導体からの誘導電流，または地絡電流による温度上昇などから決定される．GSW(galvanized steel wire：亜鉛メッキ鋼線) を用いることが多いが，超高圧以上では ACSR が多い．荷重条件の厳しい所では機械的特性の優れたアルミ覆鋼線（鋼線を中心にアルミで覆った線）が使用される．

4.4 がいしとがいし装置

4.4.1 概　　要

気中絶縁は大気による絶縁であるが，大気だけで絶縁することはできない．高電圧の導体（課電部）を支持する固体絶縁物が必ず必要である．普通用いられるのはがいし（insulator）で，屋外の送電線，配電線において常に見かけるものである．価格や耐候性の点から気中送電線では磁器性のがいしが多い．ほかにガラス製や有機絶縁材料製がある．大気中で使用されるために，表面の汚損（汚れ）と雨，霧，雪のような自然現象が絶縁特性を低下させる．すなわち，表面が汚損や湿潤のために場合によってはかなりの導電性を示すようになるので，表面に凹凸のひだを設けて電流の漏れ（ろうえい）距離を長くした形状になっている．

がいしには各種のタイプがありそれぞれに対応した名称が付けられている．大別すると導体を上部に固定保持する方式（ピンがいしなど）と下部に吊り下げる方式（懸垂がいし，長幹がいしなど）になる．高電圧の長距離架空送電線では，図 4.6 に示すように，鉄塔の腕金（アーム）から導体を吊り下げて保持する懸垂がいし（suspension insulator）が用いられる．

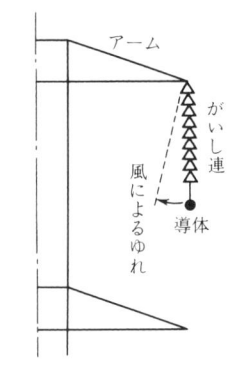

図 4.6　鉄塔アームとがいし連

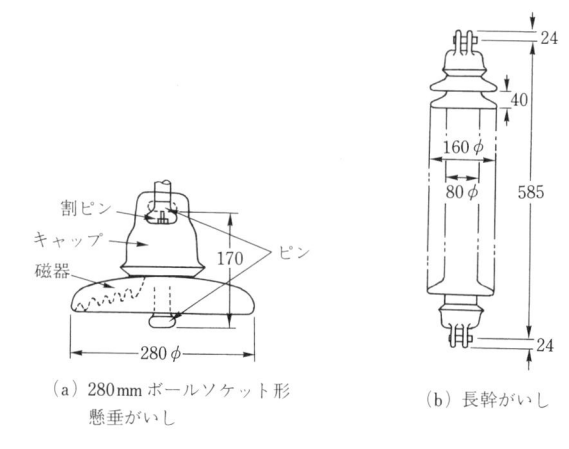

(a) 280mm ボールソケット形懸垂がいし

(b) 長幹がいし

図 4.7　懸垂がいしと長幹がいしの例

4.4.2　がいしの材料と構造

最も普通の材料は磁器で，粘土，長石，けい石など各種の酸化物を適当な割合に混合して約 1,300°C の高温で焼成したものである．微視的にはガラス相の中に結晶相と微細な気孔が複雑に分散して存在するセラミックの一種である．ヨーロッパなどではガラス製がいしも多数用いられている．ガラスは機械的強度が磁器より低いので，成形後焼入れをして表面に圧縮ストレス層を設けて強度を高めている．有機絶縁材料では，内部軸に FRP（ガラス繊維強化プラスチック）コアを用い，外被に EPR（エチレンプロピレンゴム）や SiR（シリコーンゴム）を用いた複合がいしの利用が増えている．FRP は機械的強度が高く，外被の EPR や SiR は表面の撥水性のために耐汚損，耐湿潤性能に優れることを利用している．

磁器性の懸垂がいしの構造は，図 4.7(a) に例を示すように，ぼうし状の磁器を絶縁体とし，これに上部の鋳物製のキャップと下部のピンの連絡金具をセメントで接着したものである．磁器沿面の漏れ距離を長くするためのひだは下部（底面）だけに設けるが，これは上部にひだがあると水が貯まることと，汚損時には主に下部が電圧を負担するためである．使用する送電線の電圧に応じて同じがいしを複数個連結するが，全体をがいし連（insulator string）と呼ぶ．懸

垂がいしの種類は，かさと呼ばれる絶縁部分の直径をとって 250 mm（実際の直径は 254 mm）懸垂がいし，280 mm 懸垂がいしなどと呼ぶ．あるいは破壊荷重（引張強度）の大きさをとって 42 t（トン）がいし，54 t がいしなどと呼ぶこともある．現在 84 t のがいしまで開発されている．

長幹がいし（long rod insulator）は図 4.7(b) のように，円柱絶縁物が側面に多数のひだを有する構造で，両端に金属キャップを有している．やはり電線を吊り下げるために使用されるが，複数個連結する場合もフランジで固定すると懸垂がいしに比べて横揺れが少ない．一方，電線を上部で支持するのがピンがいし（pin insulator），ラインポストがいし（line post insulator）である．ピンがいしは配電線に最も普通に使用されるので屋外の電線路の至るところで見られる．またラインポストがいしは長幹がいしと同じように，ひだを有する絶縁円柱の構造である．

4.4.3 がいし装置

がいし，取付金具，アークホーンから成る 1 セットの組合せをがいし装置と呼んでいる．アークホーン（arcing horn）は，雷によるフラッシオーバ（沿面放電）をがいしの表面より離れたところで生じさせ，その後の交流電流（続流という）のアークによるがいしの破損を防ぐためである．がいしの取付け金具付近の電界を緩和してコロナの発生を抑制することや，電位分布を均等化する

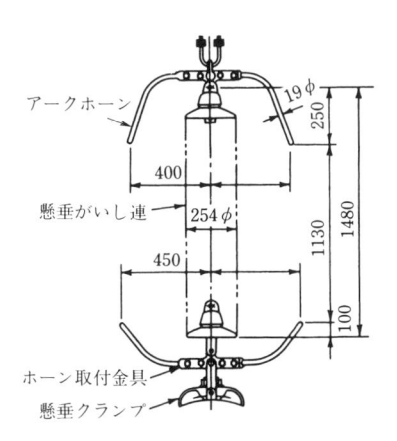

図 4.8　がいし装置の例（154 kV 用）

効果もある．図 4.8 のような棒ギャップを向かい合わせた構造が用いられるが，超高圧以上の送電線ではリング状の構造（リングホーン）が多い．

4.5 地中送電線

4.5.1 概　　要

地中送電線は，雨，霧，雪などの気象条件や外部の汚損の問題がなく，そのため保守が比較的容易である．また直接の雷による被害もほとんどない．しかし，建設費が高く，場所によって非常に相違するが，同じ送電距離の架空送電線に比べて数倍高い．そのため，主に環境問題などで架空送電線の設置が難しい都会地や景観が問題になる風致地区，海峡横断や離島などに使用されている．しかし，全体として都市部から都市近郊において地中送電が増加する方向にある．

絶縁の面からは気中絶縁ではなく，固体，液体，気体（ガス）の密閉構造の電線路，すなわちケーブルが使用される．ケーブルの主絶縁物は，固体はもっぱら架橋ポリエチレン，液体は油と紙から成るいわゆる油浸構造，気体は SF_6（六フッ化硫黄）ガスが使用される．どの絶縁方式でも，接地金属（シース）に密閉された構造で，気中送電線に比べるとはるかにコンパクトである．

地中送電線の設置方法には，直埋式，管路（引入み）式，暗きょ式がある．直埋式（直接埋設式）は文字どおりケーブルを大地に直接埋設するが，防護のためコンクリートトラフ（とい）などに納めて埋設するのが普通である．管路式は，コンクリート，鋼，塩化ビニルなどの管路にマンホールからケーブルを引き入れる方式である．単心ケーブル用に強化プラスチック複合管を用いる場合も増えている．暗きょ式は，暗きょあるいは洞道と呼ぶトンネル内にケーブルを布設するもので，特に多数のケーブルを布設する場合に用いられる．電力ケーブルのほかに電話ケーブルなどの通信線，上水道，下水道などを複数の企業が同じトンネル内に一緒に布設する共同溝も増えつつある．

4.5.2 架橋ポリエチレン（CV）ケーブル

CV ケーブルはわが国では昭和 35 年に初めて使用された．その後使用電圧範囲も使用量も急激に増大した．現在は配電から送電まで電力ケーブルの主流となり，

4.5 地中送電線

図 4.9 CV ケーブル（単心）の構造

(＊電圧の高いものは，右図のようにアルミニウムシースが用いられる)

すでに 500 kV 用も使用されている．CV ケーブルは crosslinked polyethylene insulated polyvinyl-chloried sheathed の略であるが，XLPE (crosslinked PE) ケーブルと呼ぶこともある．ポリエチレンは炭素（C）と水素（H）から成る構造であるが，多数の C が直線的につながった直鎖のポリエチレンの熱変形温度が低い欠点を，有機過酸化物で分子間に架橋を生じさせて改善したのが架橋ポリエチレンである．

図 4.9 のように同軸円筒の構造で，中心導体－架橋ポリエチレン絶縁体－金属遮へい層の基本構造に加えて，内部，外部の半導電層がある．半導電層は絶縁物と金属との境界で不十分な接触状態や電界上昇が生じないようにし，トリー (tree；固体絶縁物中の樹枝状放電路) やボイド（気体空隙）放電の発生を防ぐためである．シースには塩化ビニルやクロロプレンのほか電圧の高いものには遮水の目的で金属シース（アルミ，ステンレス鋼）を用いたものもある．

CV ケーブルは次項に述べる OF ケーブルと比べて次のような利点がある．

(a) 誘電率，tanδ（誘電正接）が低く，低損失の上に静電容量が小さい（したがって充電電流が小さい）．
(b) 燃え難く，防災性に優れている．
(c) 軽量である．また油を使用しないため，給油設備が不要であるなど布設や保守が容易である．

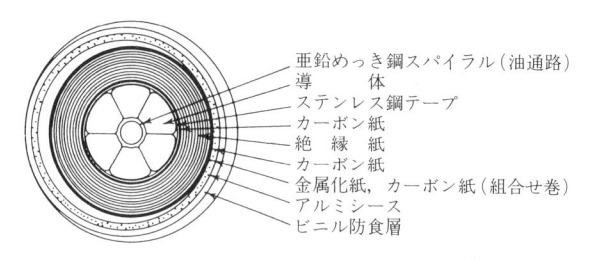

図 4.10 OF ケーブル（単心）の断面

4.5.3 OF ケーブル

油入ケーブルとも呼ばれる．OF は oil filled の略で，絶縁紙と絶縁油から成る絶縁体（油浸絶縁）を金属シース（合金鉛あるいはアルミニウム）で包み油圧を加えたケーブルである．絶縁紙にはクラフト紙，絶縁油には低粘度の鉱油あるいは合成油が用いられる．絶縁紙の誘電体損失と静電容量を減らすために，プラスチックフィルムをクラフト紙で挟んで一体化したラミネート紙と呼ぶ複合絶縁紙（半合成紙）も用いられている．

図 4.10 に示すように，単心ケーブルでは導体の中心に中空の油通路があり，ケーブル両端の油圧調整装置から油に圧力をかける．この油圧は絶縁体中のボイドの発生や外部からの水分や空気の侵入を防止するためである．油圧が高いほど絶縁体の破壊電圧は上昇するが，ゲージ圧力で 2～3 気圧の低圧から 10 気圧以上の高圧まである．

OF ケーブルにはケーブル 3 条を鋼管内に引き入れ，12 気圧（ゲージ圧）程度の油圧で加圧して使用する POF（pipe type OF）ケーブルもある．鋼管のため地盤沈下や地震に強く，また絶縁油の循環量を増加させて送電容量を容易に増加できる利点がある．

4.5.4 管路気中送電

管路気中送電（線）はわが国で考案，開発された送電方式である．絶縁が大気中ではないのに「気中」と呼ばれる例外の名称である．ガス絶縁ケーブルといっても同じで，英語では GIL あるいは GITL（gas insulated transmission

4.5 地中送電線

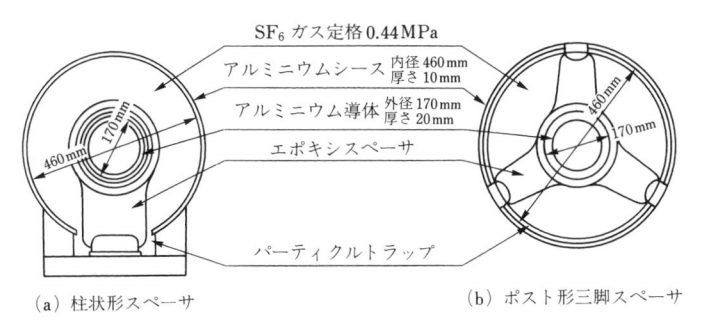

図4.11 275 kV GIL の断面構造の例

(a) 柱状形スペーサ — SF$_6$ガス定格 0.44 MPa，アルミニウムシース 内径460 mm 厚さ10 mm，アルミニウム導体 外径170 mm 厚さ20 mm，エポキシスペーサ，パーティクルトラップ

(b) ポスト形三脚スペーサ

line）と略称される．金属容器中の高電圧導体をSF$_6$ガスで絶縁する構造で，5.5節に述べるGIS（ガス絶縁開閉装置）の母線や接続部分と基本的に同じ構造である．多くは中心に高電圧導体が位置する同軸円筒構造である．CVケーブルやOFケーブルのように，鼓形の巻胴（ドラムという）に巻けるフレキシブルGILやある程度の曲げが可能なセミフレキシブルGILの開発も試みられたが実用に至らなかった．

導体，シース（外側容器）ともアルミニウム（シースはアルミでなく鉄の場合もある）を使用し，（絶縁）スペーサと呼ぶエポキシ樹脂製の固体絶縁物で導体を支持する．SF$_6$ガスは絶対圧力で4～6気圧（0.4～0.6 MPa）である．CVケーブルやOFケーブルに比べると，管路気中送電は絶縁体や導体での損失が少なく，熱放散特性が良いため，架空送電線に近い大電力を送ることができる．また静電容量が小さいため，充電電流が小さく，充電補償をしなくても通常のケーブルよりはるかに長距離の送電ができる．

管路気中送電の開発は昭和30年代の終わり頃より開始された．その後154～500 kV の電圧階級で実用になったが，多くは変電所の構内でそれぞれ数百 m 程度の距離であった．しかし，1998年（平成10年）に世界最長の3.25 km 長距離管路気中送電線が名古屋市に布設され運転を開始した．図4.11に断面構造を示すが，この線路は275 kV 2回線で，送電容量はトンネルを非冷却のときは150万 kW，冷却時は285万 kW である．

4.6 直流送電

4.6.1 直流送電線

　直流の架空送電線は，理論的には正負どちらかの極性の線だけ（単極）で大地を帰路とする構成もあり得るが，通常は正負の組合せ（双極）で用いられる．正負1組の場合（1回線送電）と2組の場合（2回線送電）とで導体の数は2本あるいは4本になる．図4.12は1回線の250 kVおよび500 kV直流送電線鉄塔の例である．交流送電線と比べて最も相違するのは中性線の存在である．中性線は帰路導体とも呼ばれ，正負の線路のどちらかが故障して単極で送電するときの帰路に用いられる．中性線は正負導体の下部に配置するほか，この図のように上部に配置する場合や上部で架空地線と兼用することもある．

　4.2節に述べたように，直流 ±500 kV 送電線の場合交流の 500 kV 送電線の波高値と比べて線間電圧は約 1.4 倍，対地電圧は約 1.2 倍であるが，鉄塔の高さは 3/4 程度である．送電線に関わる電気環境の面では交流直流の違いが大きい．送電線のコロナ放電によるコロナ騒音，テレビやラジオの雑音（コロナ雑音）は交流，直流とも発生するが，もちろん電圧波形の違いのために発生波形やレベルに差が生じる．交流送電線では線下の導体に静電誘導による電圧，電流を発生させる．その結果，わが国の 220 kV 以上の交流送電線の電線地上高

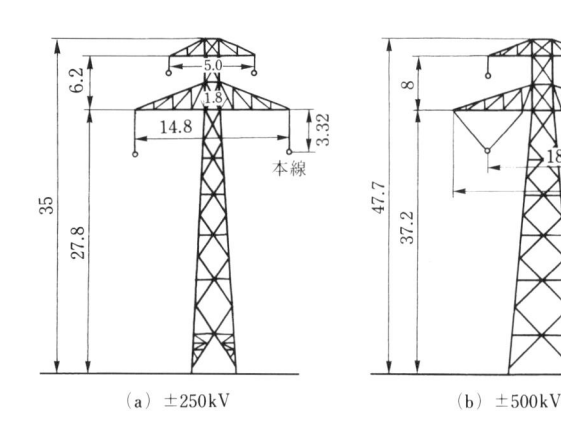

(a) ±250 kV　　(b) ±500 kV

図 4.12　直流送電線鉄塔

は静電誘導の規制から決められ，送電線の建設費に少なからぬ影響を及ぼしている．一方，直流送電線では静電誘導現象はないが，電線のコロナ放電で発生した正極性あるいは負極性のイオンが大地に向かって流れ，地上の絶縁された物体に流入して帯電させる．これらの気中送電線の環境問題については11.3節でより詳しく説明する．

4.6.2 直流がいし

直流送電線でも，交流送電線と同じか似た形状の磁器製懸垂がいしが用いられる．表面が汚損したときのがいしの直流耐電圧特性も，交流の特性と同様に，表面の漏れ距離によって決まるので，底面（下部）にひだを設けた形状になっている．汚損時のがいしの耐電圧は，交流では塩分付着密度の $-1/5$ 乗に比例して低下するのに対して，直流は $-1/3$ 乗であるため直流の方が影響が大きい．そのために汚損がひどい（重汚損）ときには，直流耐電圧は交流（実効値）より低くなる．これは汚損時に直流の方がアーク放電が伸びやすいためと考えられ，ひだの深い直流がいしを使用するのがよいとされている．

直流特有の現象として考慮しなければいけないのは，集塵作用と電食である．前者は直流電界によって帯電した大気中の塵埃ががいし表面に付着し，汚損量を増加させる作用である．一方，電食は，汚損されたがいし下部の埋込み電極が正極性のとき，電極材料が正イオンとなって溶出する電気分解現象である．電食によって埋込み電極が腐食して，強度の低下やがいしの破損を生じることがある．

演　習

4.1 送電系統の主流が直流でなく交流である理由を説明せよ．

4.2 基幹の送電系統の電圧がこれまで数百 kV（わが国では最高 500 kV）まで高くなった理由を考えよ．

4.3 電力系統や電力機器の絶縁には公称電圧でなく最高電圧が基準とされる理由を説明せよ．

4.4 欧米諸国の架空送電線は水平1回線，わが国では垂直2回線が多い理由を考えよ．

4.5 高電圧大容量の気中送電線の導体が1本の電線でなく何本かの素導体から成る理由を説明せよ．

4.6 気中絶縁に用いられるがいしが凹凸のひだを有する理由，また懸垂がいしのひだが下部（底面）だけにある理由を述べよ．

4.7 がいし装置のアークホーンの役目を述べよ．

4.8 管路気中送電（線）とCVケーブル，OFケーブルの違いを説明せよ．

4.9 気中送電線の支持用固体絶縁物が主に磁器のがいしであるのに対し，管路気中送電のスペーサはエポキシ樹脂である理由を考えよ．

4.10 直流がいしが交流用がいしと異なる点を説明せよ．

5

変　　電

> 変電は単に電圧の昇降を行うだけでなく，電力系統のかなめとして多彩な任務がある．本章は変電所の任務と各種の変電機器を解説するが，特に重要な遮断器，なかでもガス遮断器（GCB），真空遮断器（VCB），ガス絶縁開閉装置（GIS），避雷器を詳しく説明する．また交流直流の変換を行う交直変換所の機器もこの章で説明する．

5.1 はじめに

　発電所から送電線，あるいは送電線から配電に至る送電線のそれぞれの両端に存在する機能が変電（transformation）であり，そこでは変圧器によって電圧を昇圧あるいは降圧する．文字どおりの変電，あるいは電圧変成という基本的な業務がある．しかし，変電所（substation）というときは，水力，火力，原子力など発電所の変電（昇圧）設備は多くの場合含まれず，電気事業用のいわゆる（ほとんどは降圧の）電力用変電所と電気鉄道用変電所を指す．

　変電所は電圧変成以外の多種多様な役割を担っている．すなわち，昇圧，降圧のほかに，電力系統の開閉，制御，調整，保守保安といった業務があり，電力系統のいわば要（かなめ）というべき重要な役目を担っている．電力を発生する発電，輸送する送電，消費者（需要家）に送る配電に比べて，このような変電所の役割は一般にはよく理解されていない．変電所は以上のような業務に対応して，変圧器のほかに，開閉装置，開閉保護装置などさまざまな装置と設備を備えている．電気機器の講義では，変圧器と回転機のいわゆる電磁誘導機は詳しく説明されるが，変圧器以外の変電機器は扱われないことが多い．しかし開閉機器などの変電機器の重要性は，変圧器に比べて優るとも劣らないほどであり，これらなくしては電力系統は成り立たないといってよい．

5.2 変電所の役割と分類

変電所は次のような役目を担っている．

- 電圧の昇降：電圧・電流の変成ということもある．

- 電力潮流制御：電力の流れの集中や配分を行う連系の機能である．

- 電圧の適正維持や調整：電気の質を良くしたり，安定度の向上を図る．

- 設備の保護保全（メンテナンス）：送配電線や変電所設備の状態を監視し，保護と保全を図る．

- その他，電力貯蔵など：電力貯蔵用電源は，負荷の平準化（昼夜の負荷のアンバランスをカバーする），瞬時電圧低下（瞬低という）対策，周波数変動や高調波の抑制，発電予備力（発電電力の余裕）の確保などの目的で設置される．

変電所の中には変圧器がなく，系統の開閉によって電力の配分だけを行う開閉所がある．また2つの周波数の電力系統を連系する周波数変換所，2つの交流系統を直流で連系する交直変換所も広い意味で変電所に分類されることがある．

一般の交流変電所は電気事業（電力会社）用では送電用変電所と配電用変電所とに分けられる．送電用変電所は昇圧用変電所と降圧用変電所があるが，発電所で発生した電圧を昇圧する変電設備は発電所の付属施設と見なされ，変電所として独立した昇圧変電所は少ない．ほとんどの送電用変電所は送電電圧を下位系統に降圧して送るための降圧変電所である．一方，配電用変電所は，$22 \sim 154\,\mathrm{kV}$ の特別高圧を配電電圧に降圧して配電する変電所である．これらの変電所の名称は，2.2節でも説明している．さらに，電気鉄道に適当な電圧を供給するための電気鉄道用変電所，工場やビルの電気設備に電気を供給する自家用変電設備があるが後者も変電所とは呼ばない．ほかに絶縁方式で分類すると，気中絶縁変電所とガス絶縁変電所とがある．前者は変圧器や遮断器などの密閉機器は別にして，母線や開閉設備の多くを大気で絶縁するもので，後者は大気の代わりに SF_6（六フッ化硫黄）ガスを用いる．開閉装置はガス絶縁とし，主母線だけを大気で絶縁した複合形ガス絶縁変電所もある．

5.3 変圧器と母線

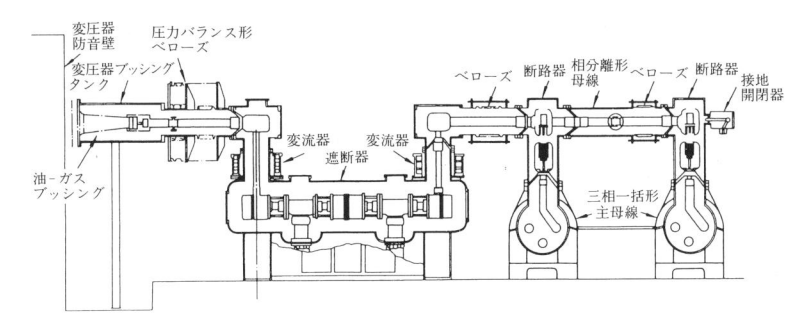

図 5.1 500 kV 開閉装置の例（三菱電機(株)による）

変電所は先に述べたような種々の機能を果たすために各種の装置と設備を有しているが，主なものは変圧器，母線，遮断器・断路器などの開閉装置，避雷器などの開閉保護装置，制御保護装置，電圧や電流の変成器，調相設備である．変電所の構成単位は，ユニットで表される．三相の 1 回路分が 1 回線であるが，それぞれの変圧器，開閉設備の構成単位をユニットと呼ぶこともある．ユニット容量は（変圧器の場合，バンク容量ともいう）電圧によってほぼ決まっており，負荷の増加に対応して順次ユニットが増設されるが，1 変電所当たりのユニット数は 2～5 という構成が一般的である．したがって変電所の規模はユニット容量（MVA）×ユニット数（あるいはバンク容量×バンク数）となる．図 5.1 に 500 kV ガス絶縁変電所の開閉装置の構成例を示すが，1 ユニット（1 回線分）の構成図である．

5.3 変圧器と母線

5.3.1 変圧器

変圧器はいろいろな場所で用いられるので，主回路の昇圧あるいは降圧用の変圧器（power transformer）を特に主変圧器と呼ぶこともある．現在の（UHV 用変圧器を除き）交流最高電圧である 500 kV/275 kV の変圧器の場合，1 バンクの容量は 1,000 あるいは 1,500 MVA（100 万～150 万 kVA）あり，変電所の最終バンク数は 4～5 に達する．したがって 500 kV 変電所の最終規模は 4,000～7,500 MVA にもなり，大容量発電所の数基分の容量に相当する．

変圧器には単相器と三相器（三相変圧器）とがあるが，三相器とは1個の鉄心に三相の巻線を施したものである．三相器は単相器3台より使用鉄量が約20％少なくなり，コンパクトになるとともに価格も安くなる．そのため275 kV以下では大容量変圧器でも近年三相器が多くなり，場合によって単相状態で輸送し，現地で三相器に組み立てることもある．一方，高電圧，大容量の500 kV変圧器は輸送上の制約から基本的に単相器である．

絶縁方式から分類すると，油入変圧器と乾式変圧器に分けられる．ケーブルなどの油入機器が固体絶縁，ガス絶縁に移る傾向にあるのに変圧器に油が使用されるのは，冷却性能が重要なためである．油入といっても実際の絶縁構成は絶縁油と固体のセルロース絶縁材料の組合せである．絶縁油は主に天然の鉱油系絶縁油が使用されている．セルロース絶縁材料は，クラフト紙，伸縮性をもたせたクレープ紙，機械的強度のあるプレスボード（厚板）などである．一方，乾式変圧器は絶縁油を使用しない変圧器で，エポキシ樹脂を主体に全体をモールド（注形）した固体絶縁と，ワニス，合成絶縁紙，エポキシ樹脂を用い大地に対しては空気やSF_6ガスで絶縁するものとがある．SF_6を用いるガス絶縁変圧器は不燃性という長所があり，275 kVまで開発，実用化されているが，主に70 kVで30 MVA程度までである．ほかに大容量のガス絶縁変圧器には，PFC（パーフルオロカーボン）の$C_8F_{16}O$を絶縁や冷却に用いるタイプもある．しかし，変圧器は電気機器の基本としてかならず講義されているので詳細は省略する．

5.3.2 母　　　線

電気の集中と配分のために送電線と変電設備あるいは開閉設備とを結合するのが母線（bus）である．母線の結線の仕方（母線方式）には，単母線，二重母線（母線間に開閉器を備え，片母線を停止しても送電線，機器を停止しなくてよい），環状（リング）母線（発電機台数の多い発電所に付属した変電所などに利用される）など各種の方式がある．系統の信頼度，系統運用の容易さ，運転保守，経済性などから重要度に応じて適当な母線方式が選択されるが，わが国の送電用変電所で最も一般的なのは二重母線方式である．

いわば電力系統のかなめに相当するので母線という名称になっているが，電

気的に特別な機能を果たすわけではなく，構造も各機器間の接続導体と本質的には変わらない．したがって 5.5 節の GIS で触れることにする．

5.4 遮断器と断路器

5.4.1 遮断器の概要

小規模な回路から高電圧大電流の電力系統に至るまで，常に開閉が必要である．そのためにさまざまな機器が用いられるが，遮断器（circuit breaker），断路器のように遮断と投入の両方の機能を果たす機器と，低電圧系統ではあるがヒューズのように遮断のみを行うものの2種類がある．後者は正常でない大電流に対して動作するが，ほとんどは配電系統のような低電圧系統だけで使用されている．

交流遮断器の原理は，遮断接点間を開いたときに発生するアーク放電を消す（消滅させる）ことであるが，アーク放電を直接消すあるいは切るわけではない．交流のサイクルに応じて流れる電流も正負に変化するので，各サイクルでかならず1回電流が零になる．この電流零点で切れた後導電性を失い絶縁を回復する速度が，接点間に印加される電圧の上昇（過渡回復電圧）より早いというのが遮断の原理である．アーク放電は大気中での形態が浮力のために円弧状になることから「電弧」とも呼ばれ，そのため遮断のことを消弧といっている．

遮断器は主に2つの役目を担っている．1つは通常の運転状態で負荷電流を開閉する役目で，他は事故時の大電流を遮断する役目である．もちろん後者の方が電流が大きく，しかも短時間で遮断しなければならないので，果たすべき機能（これを動作責務という）は苛酷である．したがって遮断器の最も重要な役目は，電力系統の地絡，短絡箇所をなるべく早く系統から切り離すことによって，事故の生じた機器のアークによる損傷を防ぐとともに直列に接続された機器の大電流による破壊，損傷を防ぐことである．遮断器には遮断（消弧）性能のほか，絶縁性能，通電性能，短絡電流による電磁力に対する性能，耐アーク性など各種の性能が要求される．一般に負荷電流は最大でも数 kA であるのに対し，遮断電流は数万 A（63 kA，50 kA など飛び飛びの値が定格値として定められている）に及び，また遮断時間は 2, 3, 5, 8 サイクルが標準であるが，

すでに550 kVで2サイクル遮断器が主流になっている．

高電圧の交流遮断器はまず1930年代まで油中で接点を開閉する油遮断器が用いられた．その後，高気圧空気を吹き付ける空気遮断器が用いられるようになり，続いて1970年前後よりSF_6を用いたガス遮断器が70 kV以上で主流となった．70 kV以下では真空遮断器とSF_6ガス遮断器が主に用いられている．

5.4.2　SF_6ガスによる消弧（ガス遮断器）

現在高電圧遮断器にもっぱら用いられているSF_6（六フッ化硫黄）ガスは，他の消弧媒体に比べ消弧性能が抜群に優れている．図5.2はSF_6中と空気中のアーク（放電）の温度分布の例であるが，電流は約5,500 K以上の領域を流れる．したがってSF_6は細い集中した中心部だけに電流が流れるが，空気中では太くて温度勾配も緩やかである．アークが切れた後のアークの導電率は指数関数的に減少するが，その時定数は「アーク時定数」と呼ばれ，どのくらい絶縁回復が早いかを定量的に表す値である．図5.2に示

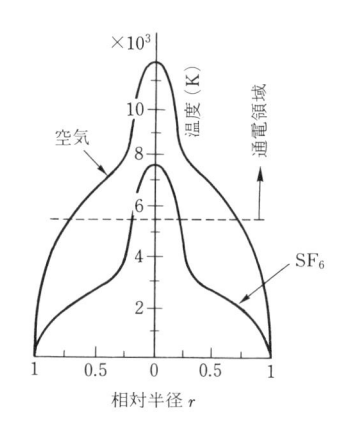

図5.2　アークの半径方向温度分布

すようにSF_6中のアーク中心部（弧心）は，5,500 K以上の領域が細く，切れた後の冷却がきわめて早い．その結果，SF_6のアーク時定数は空気より2桁も小さく，SF_6中では導電率の低下する速度が空気の約100倍早い．

SF_6ガス遮断器はGCB（gas circuit breaker）と略称される．1960年代に絶縁には数気圧のSF_6を用い，遮断には10気圧以上のSF_6を吹き付ける二圧式（複圧形あるいは二重圧力形ともいう）のガス遮断器がまず開発されたが，高気圧SF_6の液化を防止する加温設備が必要なことや気密構造が複雑になるなどの欠点があった．その後図5.3に示すようなパッファ形（あるいはパッファ式）のガス遮断器が開発され，現在はもっぱらこのタイプが使用されている．

パッファ形は，接点（接触子ともいう）の移動とアーク放電によるガスの膨張とがともにガスの吹付けに役立つように工夫された巧妙な仕組みになっている．すなわち，図(a)に示すように，パッファシリンダが矢印の方向（右）に

5.4 遮断器と断路器

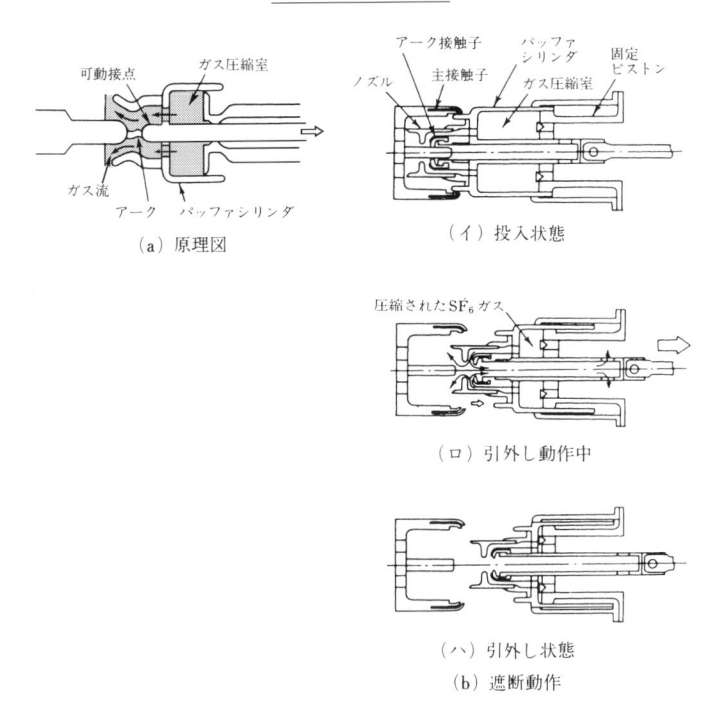

図5.3 パッファ形ガス遮断器の動作原理

動くと，圧縮室内の SF_6 ガスが圧縮され，ノズル部を通して接点間に吹き付けられる．大電流遮断時には，電流零点前はアークによってガスが加熱膨張しノズル部を充満するのでガス流が少なく，圧縮室の圧力が上昇した電流零点で初めて強力なガス流が吹き付けられる．これに対して，小電流遮断時には圧力上昇が少なく比較的弱い吹付けとなる．

このようにパッファ形は，単圧形であるため構造が簡単なうえに，消弧のために必要なガス圧は遮断動作時に自動的に作られ，遮断電流によって自動的に調整される．また，電流の大小にかかわらず零点まで電流が継続する仕組みになっていて，零点前に電流が急に0になるさい（裁）断現象（図5.4）を生じ難いことも大きな利点である．高電圧の場合に複数個直列に接続して用いられてきた遮断接点も次第に少なくなり，現在すでに550 kVで1遮断接点の遮断器まで開発されている．

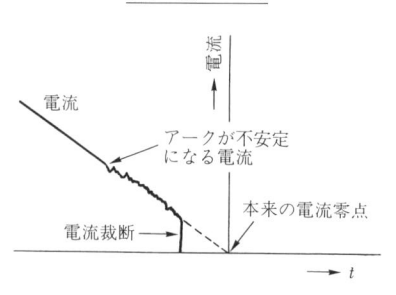

図5.4 電流零点前の不安定現象

5.4.3 真空による消弧（真空遮断器）

真空中で接点を開いたときのアーク（放電）は，陰極表面全体を電流が流れるのではなく，いくつかの明るい点に集中する．このような輝点を陰極点と呼び，アークはそこから放出される金属蒸気プラズマ中で維持される．1個の陰極点の電流は，陰極材料によって異なるが，銅の場合100～200 Aである．したがって電流の増加とともに陰極点の数が増加する．

真空による消弧の原理は，導電性の金属蒸気やプラズマの荷電粒子が拡散によって消滅することである．すなわち，交流の電流零点でアークが消滅すると，金属蒸気や荷電粒子が真空中を周囲に拡散して接点間の絶縁耐力が急速に回復する．零点の後，接点間に印加される過渡回復電圧より早く絶縁が回復すれば遮断が完了する．しかし電流が過大で10 kAを超えるような場合は，接点間のアーク電圧が通常の20～30 Vより増加して100～300 Vに達する．この状態のアークは陽極上に陽極点と呼ぶ明るい輝点が形成され，陽極金属が溶融して多量の金属蒸気が放出される．その結果，電流零点の後も多量の金属蒸気が残留し，陽極点も直ちには冷却されず金属蒸気を発生するために，過渡回復電圧によって再びアークが発生する．これは遮断失敗（再発弧）である．

また真空アークの場合，電流零点前にアークが消滅する（切れる）ことがある．電流の減少に伴って陰極点の数も減るが，1個の陰極点が安定に維持されるためには，ある程度以上の電流が必要で，この電流値以下になると図5.4のようにアークが不安定になり，ついには本来の零点前に電流が急に零になる．このような現象を電流さい（裁）断というが，過電圧を発生する原因となるの

5.4 遮断器と断路器

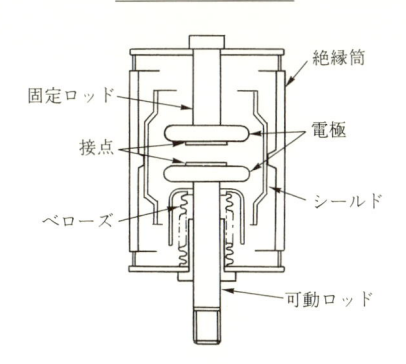

図5.5 真空遮断器の構造

で望ましくない．ただし，電流さい断現象は真空アーク特有の現象ではなく，SF_6 アークでも発生することがある．

　真空遮断器は VCB（vacuum circuit breaker）と略称される．図5.5に示すように，約 10^{-7}Torr（10^{-5}Pa）程度の真空容器中に可動接点と固定接点があり，図では下部の可動接点をバネなどの駆動機構で動かす．容器は絶縁筒で，拡散する金属蒸気が絶縁筒に付着して絶縁が低下しないように，電極は金属シールドで囲まれている．このように基本構造はきわめて簡単であるが，接点の材料と（接点を含めた）電極の構造が重要で，接点には絶縁性能と遮断性能のほか，通電性能，耐溶着性，機械的強度に優れていることが要求される．さらに前項に述べたようなさい断電流の小さいことも重要である．そのため，純タングステンや合金材料では銀または銅の焼結合金（AgW，CuW）がよく用いられている．

　前項に述べたように陽極面の電流が集中して陽極点が発生すると局部の加熱と溶融が起こるので，これを防ぐために磁界を印加する工夫がこらされている．1つはアークに対して垂直方向の磁界を印加する方法で，この電磁駆動力によってアークを回転させる．もう1つは逆にアークと平行な磁界を発生させ，イオンや電子を磁界で捕捉することによってアークを電極全面に広がった安定な放電とするものである．どちらも電極の電流路を工夫して自己電流によってこのような磁界を発生する．

　真空遮断器は現在 84 kV のユニットが製品化され，168 kV まで実用化されて

いる．また電流の大きいものでは 13.8 kV で遮断電流 100 kA の遮断器が製品化されている．

5.4.4 その他の遮断器

最も古くから用いられたのは油遮断器で，油そのものの冷却効果とアーク放電で油が分解して気化したガス（水素が主体）の冷却作用を利用するものである．15 ～ 30 気圧（1.5 ～ 3 MPa）の圧縮空気を接点間に音速に近い速さで吹き付けて消弧させる空気遮断器は，現在でもなお 500 kV 系統で使用されているが，ガス遮断器に変わりつつある．1 遮断接点当たりの電圧が 20 ～ 80 kV なので（定格電圧で）120 kV を超えるものは多遮断接点（多点切り）構造となる．ほかに磁気遮断器や気中遮断器と呼ばれる遮断器があるが主に配電系統で使用されるので 6.5 節で説明する．

5.4.5 断路器と接地開閉器

断路器 (disconnector, disconnecting switch) は，送配電線や変電所機器の点検修理，回路の切換え，接続変更の場合に，電源から切り離すために用いられる．定格電圧で大電流を遮断する能力はないが，無負荷変圧器の励磁電流，線路や母線の充電電流，あるいは二重母線やリング状母線のループ電流の開閉を行うことがある．ループ電流の開閉責務は，電圧は数百 V であるが電流は定格電流（数 kA）に達することもある．断路器には接地した容器内で SF_6 ガスで絶縁する密閉形（ガス絶縁断路器）と大気中で開閉する開放形（気中断路器）とがある．

接地開閉器 (earthing switch) は，点検修理時などに無電圧状態の導体を接地し，安全を確保する機器である．接地装置ということもある．断路器と同様に容器中に収納した密閉形と大気中の開放形とがある．2 回線系統で一方の回線が運用されているときは，他方の無電圧状態の回線に電磁誘導や静電誘導の電流が流れるので，それらの電流の開閉能力が必要である．

5.5 ガス絶縁開閉装置（GIS）

5.5.1 密閉形開閉装置

変電所，開閉所で系統の開閉に使用する機器を開閉装置（switchgear）と呼ぶが，以前は遮断器を除いて大気中の開放形が基本であった．1960年後半から各種の一体化された密閉形開閉装置が使用されるようになった．絶縁方式や形態から分類して，密閉形開閉装置には固体絶縁，油絶縁，ガス絶縁，キュービクル形ガス絶縁の4種類がある．表5.1はわが国で利用が始まった年や絶縁媒体，消弧（遮断）媒体，適用電圧をまとめたものである．

ガス絶縁開閉装置はむしろGIS（gas insulated switchgear）と略称されることが多い．直接開閉に用いられる機器だけでなく，母線や接続部分も含め，変圧器を除く変電所の主要機器をSF_6ガスで絶縁するものである．表5.1に記載してあるように，1969年に初めて66 kV機器が実用になり，その後4年のうちに500 kV機器が開発され，運転が開始した．新しく開発された電力機器で利用する電圧階級がこれほど早く進展したのはほかに例がない．以後利用台数も急速に増加し，現在高電圧の開閉装置はほとんどGISである．広い敷地に母線や接続導体が張りめぐらされていた変電所の様相が，金属容器が整然とコンパクトに配列した近代的な姿にどんどん変わっていったのである．今では新設変

表5.1 密閉形開閉装置の種類と特徴

絶縁方式	わが国での最初の実用	絶縁媒体*	断路器部分	消弧媒体	適用電圧 [kV]
ガス絶縁（GIS）	66 kV：1969 500 kV：1973	SF_6（4〜5気圧）	同左	数気圧 SF_6	66 〜 800
キュービクル形（C-GIS）	77 kV：1982	SF_6（1.2〜2気圧）	同左	数気圧 SF_6 または真空	66, 77 〜 120
固体絶縁	22 kV：1969	主としてエポキシ樹脂	大気圧空気	真空**	3.3 〜 33***
油絶縁	66 kV：1974	絶縁油	同左	真空	66, 77（154）

（注）*気圧は絶対圧力，**外国では油遮断器もある，***外国では36 kV用がある．

図 5.6　500 kV 変電所の例（(株)東芝による）

電所は基本的に GIS であり，一部主母線だけを気中絶縁とした複合形ガス絶縁開閉装置もあるが，わが国は諸外国にも例を見ないガス絶縁機器大国である．図 5.6 に 500 kVGIS の例を示す．

5.5.2　GIS の基本構造

絶縁距離が支配的な（絶縁距離依存性の）気中絶縁とは異なり，絶縁媒体の SF_6 ガスには著しい最大電界依存性がある．すなわち SF_6 ガス中の最大電界が放電開始電界に達すると，多くの場合放電はコロナ放電にとどまらないで火花放電となり全路破壊に至る（10.3.2 項参照）．したがって SF_6 中では電界分布をできるだけ平等にするのが絶縁設計の基本である．そのため後述するキュービクル形を除いて，GIS の基本構造は図 5.7(a)〜(c) のような同軸円筒配置である．接地金属容器（タンクあるいはシースともいう）の半径が一定の場合，中心導体の半径が容器半径の $1/e$（≒$1/2.7$）のとき，最大電界が最も低くなる．そのため，容器径と導体径の比を 3〜4 倍程度にとるのが基本である．

同軸円筒構造は，交流三相の 1 相分の絶縁構造であるが，GIS 母線にはしばしば図 (d) の三相一括形も用いられる．この構造は万一の絶縁事故の際，三相

5.5 ガス絶縁開閉装置（GIS）

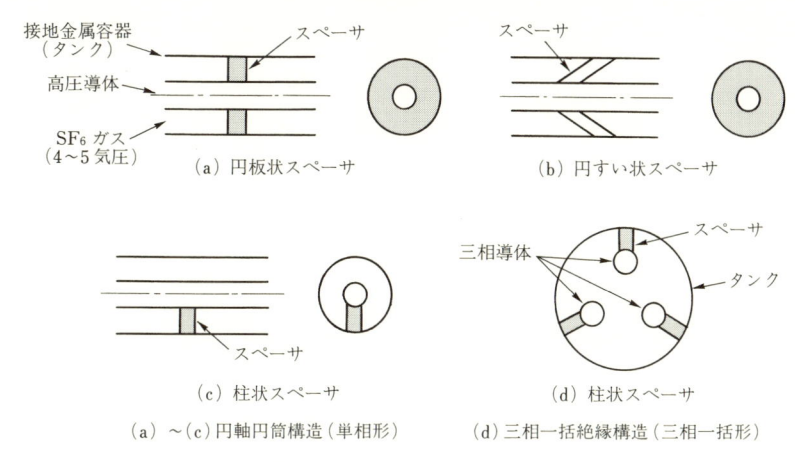

(a) 円板状スペーサ
(b) 円すい状スペーサ
(c) 柱状スペーサ
(d) 柱状スペーサ

(a)～(c) 円軸円筒構造（単相形）
(d) 三相一括絶縁構造（三相一括形）

図 5.7　ガス絶縁機器の基本構造

短絡に至る可能性があり，また容器や支持物も大きくなる欠点がある．しかし，三相全体としては占有容積が減るうえにガスのシール部分（もれ防止のパッキングなど）の数が減り，同軸円筒構造の相分離形（単相形ともいう）より製造コストが低く有利になることが多い．相分離形も三相一括形も SF_6 ガスの圧力は $4～5$ 気圧 ($0.4～0.5\,\mathrm{MPa}$，絶対圧力）である．図 5.1 には三相一括形母線を含め GIS 各機器の構成例を示している．

ガス絶縁では SF_6 ガスだけで絶縁することはできない．常に導体を固定支持する固体絶縁物が必要で，一般にスペーサ（spacer）と呼んでいる．アルミナ（Al_2O_3）やシリカ（SiO_2）を充てんしたエポキシ樹脂が用いられる．形状は図 5.7 に示すように，円板状（ディスク形），円すい状（コーン形），柱状（ポスト形）の 3 種類がある．柱状スペーサは製作が容易であるが，SF_6 の流通を止める必要がある箇所には，円板状や円すい状のスペーサを用いる．

5.5.3　その他の密閉形開閉装置

キュービクル形 GIS（cubicle GIS）は C-GIS と略称され，比較的大きな箱形の容器（キュービクル）に構成機器を一括して収納し SF_6 で絶縁したものである．各機器の SF_6 は分離されていない．この絶縁形態はかつての開放形（気中）変電所の大気圧空気を SF_6 ガスに置き換えた構造に相当するが，もちろん

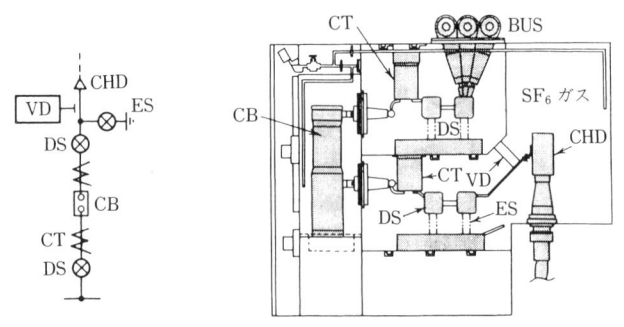

CB：遮断器　DS：断路器　CT：変流器　VD：検電器
BUS：母線　CHD：ケーブルヘッド　ES：接地装置

図 5.8 C-GIS の例（77 kV 用）

はるかにコンパクトである．SF_6 のガス圧は大気圧以上 2 気圧（0.2 MPa）までで通常の GIS よりずっと低い．通常の GIS と同様に，導体を含め各部分の構造をなるべく最大電界が低くなるような形状とすることが重要である．C-GIS の一例を図 5.8 に示す．角形容器であるため通常の GIS 方式よりかえって所用スペース（容積）が少なくなることや，現地作業，保守が容易になるなどの利点がある．66〜77 kV での利用が進んでおり，120 kV 級も開発されている．

固体絶縁開閉装置は母線や開閉器の高電圧部分（充電部）をエポキシ樹脂で一体にモールド（注形）したものである．固体は気体，液体よりも絶縁耐力が高い点を利用しているが，交流での設計電界値（実効値）は 10〜20 kV/cm である．ただし可動部の必要な開閉部分は固体では実現できないので真空遮断器（真空バルブ）を用いることが多い．3.3〜33 kV までの配電用開閉装置として用いられている．

油絶縁開閉装置は構成機器を接地容器内に収納し油で絶縁したものである．したがって C-GIS と似た構造になっており，同じ電圧階級なら所用スペースもほぼ同じである．ただし遮断器は油でなく真空遮断器を用いている．154 kV まであるが主流は 66，77 kV 以下の配電用開閉装置として用いられている．油絶縁の変圧器と組み合わせて絶縁方式の一体化をはかるという長所があるが，重量が大きくなること，油の取扱い，処理が面倒なこと，火災の危険性といった欠点がある．

5.6 避雷器

5.6.1 避雷器の原理

避雷器（surge arrester, しばしば arrester とだけ呼ばれる）は，高電圧の過電圧が侵入したとき，低いインピーダンス（低抵抗）に変化して大電流を流し，これによって電圧上昇を抑制して接続されている他の機器を保護する．すなわち，避雷器の主要な役割は

① 過電圧を低下させ他の機器を保護する

ことであるが，ほかに次の役目も必要である

② 続流（過電圧が終わった後の交流電流）を遮断できる
③ 通常時の（常規）電圧による電流が過大にならない

たとえば2個の球を向かい合わせた球ギャップは，①と③の役目を果たすが，火花放電を生じて低インピーダンスになった後，交流電流が流れ続ける．したがって保護ギャップとして用いられることはあるが，避雷器としては十分なものではない．

過電圧によって避雷器に大きな電流が流れたとき（動作時），避雷器の維持する電圧を制限電圧と呼び，避雷器の保護能力を示す重要な値である．オームの法則が成り立つときの抵抗は電圧が電流に比例して増大するのに対し，理想的な避雷器は電流の値にかかわらず制限電圧を一定に保つものである．しかし，現実の避雷器素子は図5.9に示すように常に電流（避雷器に流れる電流を実際には放電しなくても放電電流という）とともに制限電圧が上昇する．このとき上昇の割合がわずかでどのくらい非線形であるかが素子の優劣を決する．

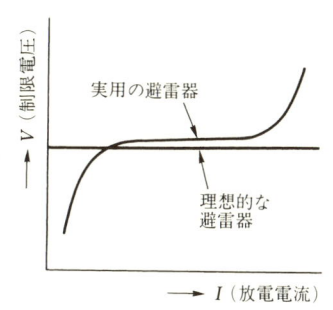

図 5.9 避雷器の V-I 特性

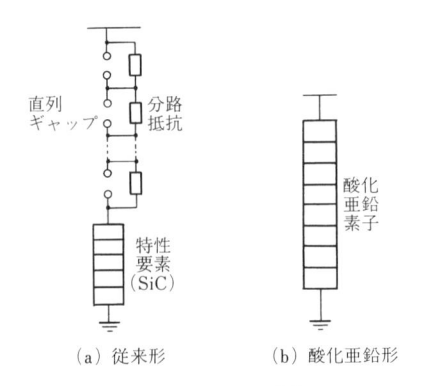

図 5.10 避雷器の構成

(a) 従来形 / (b) 酸化亜鉛形

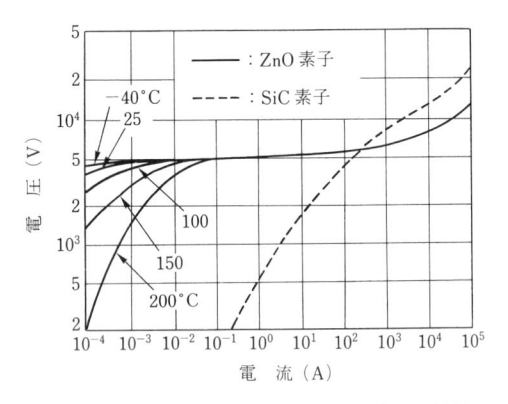

図 5.11 ZnO の V-I 特性（パラメータは素子の温度）

5.6.2 酸化亜鉛形避雷器

1960年代までの避雷器は，図 5.10(a) のように特性要素と呼ぶ非線形抵抗（SiC を焼成したもの）とガスギャップが直列になった構造であった．直列ギャップは前項で述べた避雷器の役目の ① ～ ③ すべてに寄与している．直列ギャップが必要だったのは図 5.11 の電圧-電流 (V-I) 特性（縦軸，横軸とも対数目盛であることに注意）に示すように，SiC 素子も非線形特性であるが非線形性が不十分だったためである．

酸化亜鉛を主体とする避雷器は，1970年に低電圧用保護装置として，電圧変化にきわめて敏感な非直線性抵抗バリスタが開発され，1973年に初めて電力用

として 66 kV 級酸化亜鉛形避雷器が開発された．それ以後世界中の変電所で酸化亜鉛形が採用されるようになったが，素子の開発と電力分野への最初の適用はわが国で行われたもので，世界に誇るべき画期的な技術である．

酸化亜鉛素子は高純度の ZnO に微量の Bi_2O_3，CoO，MnO，Sb_2O_3 を加え造粒，成形後 $1,000°C$ 以上の高温で焼成したもので，ファインセラミックの一種である．図 5.12 に示すように，$5 \sim 10\,\mu m$ の ZnO 粒子の境界に，主に Bi_2O_3 から成る厚さ $1\mu m$ 以下の粒界層がある．ZnO は n 形半導体で単独では非線形性を示さないので，非線形特性は固有抵抗 $10^{13}\,\Omega\cdot m$ のこの境界層によると考えられている．

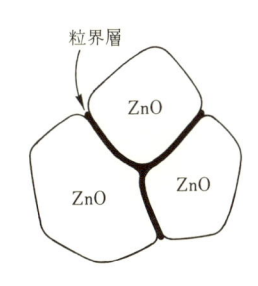

図 5.12 ZnO 素子の微細構造

図 5.11 に示すように電圧-電流特性が理想的な特性に近いために，直列ギャップがなくても前項に述べた ① ～ ③ の役割を果たすことができる．その結果，それまでの避雷器に比べて，構造が簡単で小型軽量なうえに，放電ギャップに付随する遅れや動作電圧のばらつきがなく，急峻な過電圧に対しても応答特性（保護性能）が優れている．放電耐量（電流として流し得るあるいは処理できるエネルギー，酸化亜鉛形避雷器は放電ではないが過去の避雷器の用語から放電と呼ぶ）が大きく耐汚損性能も優れている．図 5.1 は避雷器が入っていないので，図 5.13 に酸化亜鉛形避雷器の内部構造例を示す．分圧シールドは素子に印加される電圧分布を均一にするためである．

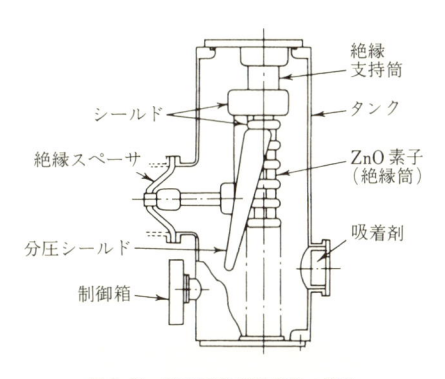

図 5.13 酸化亜鉛形避雷器の構造

5.7　その他の変電所機器と交直変換所機器

5.7.1　計器用変成器

　変成器は直接測定できない変電所の高電圧，大電流を測定しやすい値に変成する装置で，電圧は計器用変圧器，電流は変流器と呼ぶ．変電所の神経系統に相当する制御保護装置のいわばセンサである．電圧，電流，電力の計測を行うとともに，事故時に遮断器を動作させる保護継電器（保護リレー）と組み合わせて使用される．

　巻線形の計器用変圧器は，PT（potential transformer）と略称され，変圧器の原理で系統（回路）電圧を変成する．油入式，SF_6ガス絶縁式，固体絶縁物のモールド式などがある．コンデンサ形計器用変圧器は，結合コンデンサやコンデンサブッシングの分圧を利用する方式で，PD（potential device）と略称される．GISでは，高圧導体と接地容器の間に設置した電極の静電誘導電圧を用いる方式が手軽なために利用が進んでいる．さらに電気光学素子を通過する光が印加電界に応じて変化するポッケルス効果を利用し，光ファイバで信号を伝送する方式も採用されつつある．電気信号の伝送がないので絶縁や誘導の点で有利になるが，コストが高いのが欠点である．

　変流器はCT（current transformer）と略称され，貫通形などいくつかの種類がある．貫通形は鉄心窓に導体，ブッシング，ケーブルの一次導体を挿入し，二次巻線に誘導される電流を計測する．磁気光学素子の磁界による変化やロゴスキーコイル（貫通形変流器と同様な構成であるが，電流の変化率を測定する）の誘導量を測定する方法も使用されつつある．ロゴスキー形はGISのコンパクト化がはかれるが，出力が小さいことから増幅やノイズ対策が必要となり，今のところ実用になっていない．

5.7.2　調相設備

　調相設備とは，進相電力を供給するコンデンサ，遅相電力を供給するリアクトルなどの設備である．これらによって無効電力を制御して，系統電圧の変動を抑制するとともに，送電線損失の軽減を図るものである．調相設備の種類には，

調相機，電力用コンデンサ，分路リアクトル，ならびにサイリスタでリアクトルの容量を制御する静止形無効電力補償装置（SVC: static var compensator）などがある．この中で調相機は無負荷の同期電動機であるが，コスト，保守の経費が高いために最近はあまり使用されない．

電力用コンデンサは，送配電系統の無効電力調整，誘導電動機などインダクタンス負荷の力率改善などに用いられ，電力系統に並列に接続される．ほかにフィルタ用コンデンサ，サージ吸収用コンデンサなどもある．電力系統に使用する場合は，高調波による波形ひずみを防止するとともに，開閉時の過渡的サージを抑制するために直列リアクトルを挿入するのが普通である．電力用コンデンサの構造は，紙あるいはプラスチックフィルムを重ね合わせて電極箔とともに巻き込み，絶縁油に含浸したコンデンサ素子を多数直並列に接続する．

分路リアクトルは，長距離送電線や地中ケーブルの充電電流による系統電圧の上昇を抑制するために，電力系統に並列に接続される．分路リアクトルの構造は原理的には変圧器と同じであるが，変圧器が各相2巻線以上を有するのに分路リアクトルは1巻線であることと磁気回路に空隙を有する点が相違する．

静止形無効電力補償装置（SVC）は，パワーエレクトロニクス機器の1つとして，9.3節で詳しく解説する．なお，電力用コンデンサ，分路リアクトル，SVCは電力系統に直接接続される場合と変圧器の三次側に接続される場合とがある．

5.7.3 交直変換所機器

交直変換所（AC-DC converter station）は，交流から直流に（順変換）あるいは直流から交流に（逆変換）変えるところで，各種の機器がある．交直変換を行う主装置はバルブ（valve）と呼ばれ三相ブリッジ接続方式が普通である．高電圧大容量のバルブにはサイリスタ（thyristor）が用いられる．電気信号で点弧するこれまでのサイリスタに代わって光で直接点弧するサイリスタに移りつつある．光直接点弧サイリスタは，ゲート制御回路が簡単になることや，絶縁性能，耐ノイズ性能の向上から装置の小形化，信頼性の向上が図れる．サイリスタバルブは絶縁と冷却方式によって，空気絶縁で空冷（風冷）または水冷，油絶縁油冷，SF_6ガス絶縁でSF_6ガス冷却あるいはフロロカーボン液体冷却に

分けられるが,現在は空気絶縁で水冷が主流となっている.変換器の動作については,9.2節で詳しく説明している.

変換所機器は変換所特有の機能を有する機器と,交流の変電所に対応する機器とがある.前者の代表はバルブであるが,ほかに,直流電源リプル分の平滑化や事故電流の抑制を目的とする直流リアクトルがある.後者の機器は,開閉装置,母線,遮断器,断路器,接地開閉器,計器用変圧器,避雷器から成り,交流変電所の開閉装置と共通しているが,電圧が直流であるためにそれぞれ注意が必要である.たとえば,±500 kV 級の開閉装置は今後 SF_6 で絶縁する直流ガス絶縁開閉装置になると考えられているが,交流と似たような構造になるとしても,導電性異物の作用(絶縁性能低下)は直流の方がきびしいこと,支持絶縁物(スペーサ)の帯電といった問題がある.また直流遮断器は,交流遮断器と異なりそのままでは電流零点がないので,何らかの方法で電流零点を作って遮断する必要がある.そのために,遮断部と並列にコンデンサとリアクトルから成る回路を接続し,振動電流を発生させて電流零点を作るなどの方法が用いられる.

演 習

5.1 変電所の役割を挙げよ.

5.2 電力用変圧器の構成を考え,絶縁設計が必要となる個所を分類・列挙せよ.

5.3 遮断器の消弧原理を説明せよ.

5.4 真空遮断器の適用が 168 kV まででそれ以上の電圧ではガス遮断器が用いられる理由を考えよ.

5.5 遮断器と断路器の違いを説明せよ.

5.6 同軸円筒配置の GIS の場合,中心導体と外側容器の半径をそれぞれ r, R とする.R が一定のときギャップ間の最大電界 E_m を最小にする導体半径 r は R/e である(5.5.2項)ことを確かめよ.ただし $e = 2.72$ で,固体絶縁物(スペーサ)の影響は無視する.また r が一定のとき E_m を最小にする R を求めよ.

5.7 前問で R が一定のとき $R/r = 2, 3, 4, 5$ のときの最大電界を $R/r = e$ のときの最大電界と比較せよ.

5.8 非線形抵抗として SiC を用いた以前の避雷器に比べて,酸化亜鉛形避雷器は直列ギャップが不必要な理由を説明せよ.また直列ギャップがないための利点を述べよ.

5.9 交直変換所機器のうち交流変電所には存在しないものを挙げよ.

6

配　電

　電力を使う，あるいは消費する負荷とつながるところが配電である．この章では，配電分野のさまざまな内容を最近の自動化システムまで含めて説明する．配電用機器など，送電，変電分野といくらか共通するところもあるが，電力需要や電気の品質など，消費者に直結する内容も重要である．

6.1　はじめに

　電力系統のなかで配電分野は最も身近であるにもかかわらず，発電，送電，変電に比べ地味な存在である．講義に取り上げられることも少ないようで，身近であるのに知られていないことが多い．しかし，電力輸送中のわずかな損失を除けば，発電所で発生したのと同じだけの電力，あるいは基幹の送変電系統で輸送するのと同じだけの巨大な電力が配電系統まで来ている．そのため面的に広がった膨大な電力システムが形成されていて，少なくとも量としての重要性は発電，送電，変電にも劣らない．

　この章の内容をもう少し詳しく述べると次のとおりである．まず配電系統の電圧，構造，結線方式を述べ，電力需要と負荷について説明する．次に電力の品質に関して，供給信頼度と電圧変動について述べ，後者ではフリッカ，高調波を説明する．多種多様な配電機器については，配電分野特有の架空電線路・地中電線路の概要を述べ，特に重要な開閉器類，避雷器に重点を置いて説明する．また，多数の機器と需要家が広く分散している配電系統の効率的運用，迅速な制御，サービス向上を目的にした配電自動化システムが，近年各電力会社で導入されつつあるが，これについても触れる．

6.2 配電系統の概要

6.2.1 配電系統の電圧（配電電圧）

電気（電力）の消費は需要家（消費者）の電気設備（負荷）に応じてさまざまな形態で行われるが，そこに至るまでの供給は 50 Hz，60 Hz の商用周波数交流であり，並列に負荷が接続される．直流での供給や負荷を直列に接続する場合はほとんどない．効率の向上や機器の小型化を目的にして 50，60 Hz より高い数百 Hz 程度までの電力供給が提案されて試行された例はあるが，実用には至っていない．

電気設備の電圧は現在次のように分類されている．

① 低圧：直流 750 V 以下，交流 600 V 以下
② 高圧：①の低圧より高く，7 kV 以下
③ 特別高圧：7 kV を超える電圧

特別高圧は「特高」と略称するのが普通である．4.2 節に述べたように，送電電圧，配電電圧とも勝手な値を用いることはできず，飛び飛びのいくつかの電圧（標準電圧という）に決められている．配電系統の電圧はその線路を代表する電圧として線間電圧の公称電圧が与えられている．低圧では定格電圧は 100，100/200，200，240/415，415 V であるが，後の 2 つは標準電圧の改訂によって 230/400，400 V となる予定である．主要な電気機器の定格電圧も，100，200，230，400 V に定められている．線路の定格電圧が 2 種類あるのは後述の図 6.2 に示すように供給する電圧が 2 種類ある場合を意味する．一方，高圧および特高では，4.2 節の表 4.1 に示したように，公称電圧 3.3，6.6，11，22，33 kV の 5 種類がある．対応する最高電圧は 3.45，6.9，11.5，23，34.5 kV と約 1.05 倍（正確には 23/22 倍）になっている．

6.2.2 配電系統

標準的な配電系統は図 6.1 のようになっている．配電用変電所からの線路は一般的な供給地域では 6.6 kV の高圧配電線であるが，都市の負荷集中地域では 22 kV や 33 kV の特高配電線が増えつつある．特高配電線や高圧配電線のまま需要家に供給する場合と，配電用変圧器でさらに降圧して供給する場合とがある．特に大口の需要家には 66 kV や 77 kV で供給することもある．

配電塔は 22, 33 kV の特高電圧を受電して高圧配電線（主に 6.6 kV）に供給するものである．6.6 kV 以降は配電用変電所から直接供給する場合と同じで，受電用変圧器を経てビルや集合住宅に供給する場合や，さらに降圧して低圧で商店や一般の住宅に供給する場合とがある．配電用変圧器は架空線路では柱上変圧器と呼ばれるもので，100V，200V の低圧配電線を経て需要家に至る．世界的にはヨーロッパを中心に 400V 配電に移行しつつあり，わが国のように 100V 中心の低圧は少なくなりつつある．わが国でも大容量化と電圧系統の簡易化を目的として，高圧配電線を省略し，特高配電線 →400 V 低圧配電線 → 低

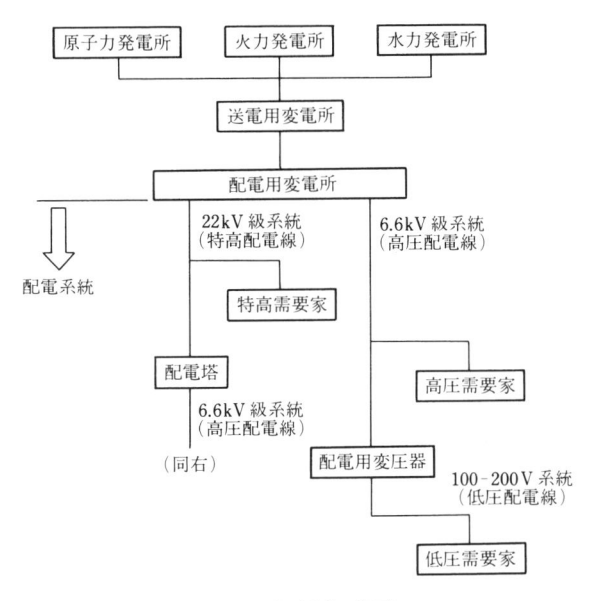

図 6.1 配電系統の概要

圧需要家とする方式への移行が今後の課題となっている．

6.2.3 配電方式

配電用変電所からの三相電圧と末端の需要家における三相負荷や単相負荷に至るまでの配電線には種々の結線方式がある．電源が単相か三相か，一線あるいは中性点を接地するか，接地する場合直接接地か抵抗を介しての接地かなどさまざまな組合せがある．接地に関しては，一線地絡時の地絡電流と健全相対地電圧の上昇，低圧線と接触した場合の低圧側対地電圧の上昇，通信線への電磁誘導障害などが考慮すべき条件である．非接地あるいは高抵抗接地にすれば，一線地絡故障時の地絡電流が抑制され，通信線への電磁誘導障害もほとんど生じないが，一線地絡時の健全相対地電圧が高くなるので，絶縁レベルを高くする必要がある．逆に，低抵抗接地あるいは直接接地では，一線地絡時の健全相対地電圧上昇は低いが，故障時の誘導障害や接触時の低電圧側対地電圧の上昇が問題になる．

わが国の場合，3.3 kV，6.6 kV の高圧配電では，非接地の三相3線式が多く採用されている．これは電源変圧器の△巻線から3線で引き出される方式であるが，変圧器二次側に接続される抵抗のために一次側からみると数 kΩ 以上の高抵抗接地に相当する．この方式では一線地絡時の地絡電流が10数 A 程度と小さく，低圧線と接触したときの低圧側対地電圧の上昇も容易に抑制され，通信線の誘導障害も問題にならない．ただし，上に述べたように絶縁レベルを高くする必要がある．

一方，低圧配電の結線は図 6.2 に示すような種々の方式があるが，単相交流式と三相交流式に大別される．いずれの方式でも電気保安上の理由から1線または中性点を接地するのが普通である．

(a) 単相交流式

a-1 単相2線式（図 6.2(a)）

配電用変圧器から一線を接地し，100，200 V を供給する．電灯や小容量の電気器具への供給に使用される．

a-2 単相3線式（図 6.2(b)）

配電用変圧器の二次側巻線を直列にし，接続点（中性点）を接地して中性線

を引き出し，両側（両端）の電圧線とともに3線で電力を供給する方式である．この方式は負荷が対称なら電圧降下および電力損失が単相2線式の1/4に低下するので電線量を節約できる．ただし両側の負荷をバランスさせる必要があり，また中性線が断線すると過電圧が発生する．

(b) 三相交流式

b-1 三相3線式（図 6.2(c)）

図のように単巻変圧器2台を用いるV結線とするか，単相3台の△結線あるいは三相変圧器を用いる．高圧配電線は非接地であるが低圧配電線では通常1線を接地する．主として200Vの三相負荷への供給に用いられる方式である．

b-2 三相4線式（図 6.2(d)）

三相4線式には図に示すように2つの方式がある．一方は変圧器の二次側を星形結線とし，三相の3線と中性線で供給する方式で，中性線は接地する．1系統で単相と三相の負荷に供給できるので，両者が混在する地域に適した方式

(a) 単相2線式

(b) 単相3線式

(c) 三相3線式

(d) 三相4線式

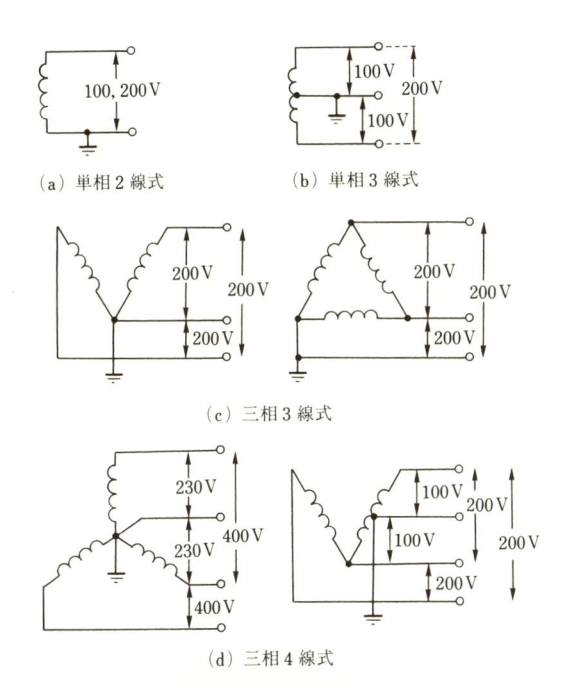

図 6.2　低圧配電線の代表的な電気方式および結線法

として400V級配電に適用されつつある．このとき，単相の電圧と三相の電圧の比は240V対415V（あるいは230V対400V）のように$1:\sqrt{3}$でなければならない．

他の1つは非対称三相4線式と呼ばれ，V結線の三相3線式200Vと，単相3線式の100/200Vとを組み合わせるものである．単相の電圧が100V，三相動力の電圧が200Vであるので，商業地など両方の負荷が混在する地域で広く使用されている．

6.3 需要と負荷

6.3.1 電力需要の種類

電力を必要とする要望・要請あるいはその必要量を電力需要といい，電力を消費する設備あるいは消費量を負荷と呼ぶ．需要は電力あるいは容量（kW），負荷は電力量（kWh）と厳密に区別することもあるが，実質的には同じことが多い．たとえば，需要設備と負荷設備はほとんど同じ意味である．

電力需要あるいは負荷を用途別に分類するときは，通常「電灯」と「電力」に大別される．電灯は一般家庭，街路，商店，小工場の照明のほか，小形電気機器の負荷である．電力はその他の工場や業務用の負荷であるが付帯する電灯負荷も含まれている．これらは業務用電力（事務所，デパート，ホテル，学校，病院などの動力，照明），小口電力（契約電力500kW未満で，商店や中小規模工場の動力と付帯照明），大口電力（契約電力500kW以上で大規模工場や鉄道などの動力負荷と付帯照明），その他電力（深夜電力，工事用電力など）に分けられる．

6.3.2 負荷曲線と最大電力

電力は生産と消費が同時に行われる．揚水発電や電池のように別な形態のエネルギーに変換して貯蔵する方法もあるが，多量の電力の貯蔵は容易ではない．電力需要は時々刻々変化するのでそれに対応した電力を生産・輸送して供給する必要がある．時々刻々変化する需要を時間に対して描いたグラフを負荷曲線（ロードカーブ）という．最近は負荷の季節による相違や昼夜での相違が大き

6.3 需要と負荷

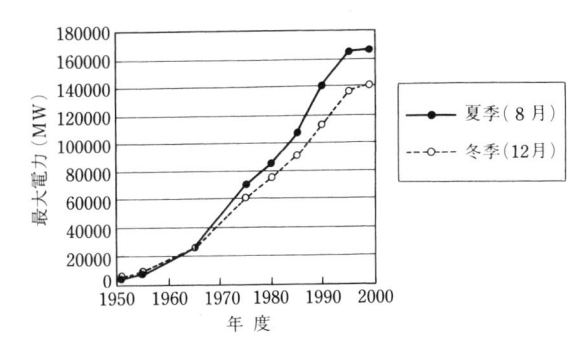

年度	最大電力（MW）	
	夏季（8月）	冬季（12月）
1951	5,806	6,397
1955	7,928	9,556
1965	25,813	26,668
1975	70,540	60,404
1980	85,565	75,472
1985	107,310	90,948
1990	140,561	113,710
1995	165,286	136,258
1999	165,667	141,244

図6.3 最大電力の推移（最大3日平均）
（注）電気事業連合会：電気事業統計による

くなり，負荷曲線の想定や負荷の格差を減らす方策（負荷平準化，ロードレベリングなどという）が重要になっている．

日，月，年などある期間中に消費された電力の最大を「最大電力」という．通常は1時間ごとの消費電力量の最大をいう．一方電力会社で需要の予測や電力供給・設備の計画には最大3日平均電力が用いられる．これは1カ月中の毎日の最大電力を多い順に3日取り，それらを平均した値である．

図6.3に夏季と冬季の最大電力の推移を示す．1960年以降の最大電力は，経済成長率などの値とともに1章の図1.1に示したが，ここでは夏季と冬季に分けて1950年からのデータを示している．10電力会社（ただし1983年以前は沖縄電力を除く9電力会社）の合計の値である．この図からわかるように，最大電力は1965年ころまでは冬季に発生していたが，その後逆転して7，8月の猛暑の時期に現れるようになった．これはもちろん冷房設備の普及によって冬ピークから夏ピークに変わったためである．最近は年間最大電力は冷房設備がフル稼動する真夏の13〜15時に発生することが多い．

時刻や季節とともに変動する電力需要のある期間中の平均と最大（どちらもkW）の比を負荷率という．すなわち

$$負荷率 = (平均電力/最大電力) \times 100(\%) \tag{6.1}$$

である．負荷率は対象とする期間，電力設備によって値が異なる．対象とする期間別に日負荷率，月負荷率，年負荷率などがあるが，期間が長くなると当然

負荷率の値は低下する．空調設備の普及に伴って年負荷率は年々低下する傾向にある．

6.3.3 配電計画

消費電力は昼夜，季節によって変化するが，これを供給する電源側の設備は，負荷の全容量に相当する容量を準備するのは過剰で，実際の使用率（実負荷）を考慮して設備計画を作ることになる．工場の動力源は主に昼間稼動し，照明設備は夜間に使用されるので当然のことである．また空調設備のように一部の季節だけ使用されるものもある．このような実際の需要電力の値と負荷設備との関係をマクロに与える値として，前項の負荷率のほかに，需要率，不等率などが用いられる．

需要率は，使用されている容量の最大値を負荷設備の全容量（いずれも kW）に対して示すもので

$$需要率 = (最大需要電力/負荷設備容量) \times 100(\%) \tag{6.2}$$

である．同時に使用される設備が多いほど需要率は大きくなる．需要家1軒ごとあるいは電柱，配電用変圧器などを対象にして与えられる．

不等率は需要家や配電用変圧器などの同種類の負荷を対象にして，おのおのの最大電力が時間的に異なることを考慮する値である．すなわち

$$不等率 = (各負荷の最大電力の和)/(総合した最大電力) \tag{6.3}$$

と表す．不等率は負荷の数が1のとき1で，負荷の数とともに増大する．電灯負荷については電柱10本程度で飽和し1.1〜1.2である．

対象とする地域での需要量を想定し，以上のような要素（係数）を考慮して配電系統，設備の計画が行われる．その内容は次のようなものである．

① 配電電圧：たとえば特別高圧（22または33 kV），高圧（6.6 kV）と低圧（100，200 V あるいは 400 V）の組合せである．
② 系統構成：高圧配電線は配電用変電所から，低圧配電線は配電用変圧器からそれぞれ放射状に引き出す形態（放射状方式）が普通である．高い信頼

度が要求される地域では，万一の設備事故に対応するため，別ルートの放射状線路を接続して環状の線路とするループ方式が用いられる場合もある．
③ 変圧器容量と引出し回線数：将来の負荷量と分布状況も考慮して，対象地域の配電用変電所の最適な変圧器容量と引出し回線数が決定される．

6.4 配電の品質

6.4.1 供給信頼度

停電すなわち電気の供給停止は，事故停電と作業停電とに大別される．事故停電の原因は，雷，台風，氷雪などの自然現象によるものが半数以上であるが，ほかに機器の劣化や据付け・調整の不良，保守の不備，工事ミス，樹木の接触などによる故障・事故がある．供給信頼度の評価は事故停電と作業停電の両方を合わせた停電回数あるいは停電時間で行われ，1 需要家当たりの年間の平均値で表す．わが国の年間停電回数，停電時間の 5 年ごとの推移（全国平均）を図 6.4 に示す．1965 年当時の年約 5 回，約 700 分（約 12 時間）から，最近は停電回数約 0.2 回，停電時間 10 〜 30 分程度に著しく減少した．図 6.5 は 1990 年からの 9 年間における事故停電時間を欧米 3 カ国と比較しているが，わが国の停電時間は苛酷な気象条件にもかかわらず欧米の数分の一である．

停電とは見なさないが，ごく短い時間電圧が大きく低下することがあり，これを瞬時電圧低下（瞬低）と呼んでいる．送電線や変電所への落雷によってフラッシオーバ事故が発生したとき，これを高速度で検出して遮断器により事故

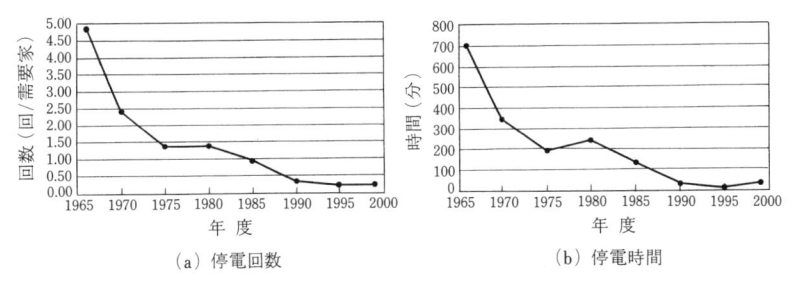

(a) 停電回数　　(b) 停電時間

図 6.4 1 需要家当たり年間停電回数，停電時間の推移
（注）資源エネルギー庁：電気保安統計による

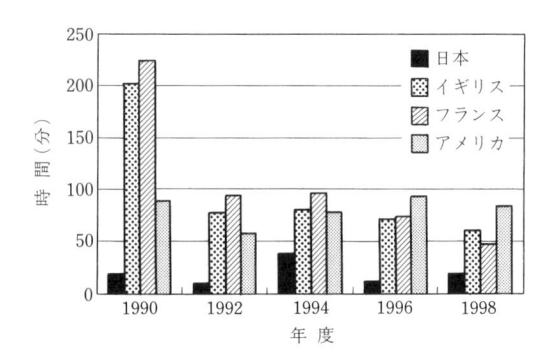

図 6.5 1需要家当たり年間の事故停電時間の比較
(注) 電気事業連合会による

点を切り離す．送電停止によってフラッシオーバ点の絶縁が回復することを利用して，遮断器の再閉路で送電を再開する（8.3節参照）．事故の発生から切離しまでの電圧低下の継続時間は0.07～2秒程度に抑えられ，電力設備の損傷を防ぐことができる．しかしこの瞬時電圧低下のために，コンピュータやマイクロプロセッサ応用機器がダメージを受けることがあり，供給電圧の低下する短時間でも電圧を維持する装置が開発されている．

6.4.2 電圧変動

わが国では，需要家が使用する（電気の供給点の）電圧の変動幅が次のように定められている．

$$100\,\text{V} : 101\,\text{V} \pm 6\,\text{V}, \quad 200\,\text{V} : 202\,\text{V} \pm 20\,\text{V}$$

この変動幅は法的に定められた値であるが，100V系統の場合，一般的に低圧系の最大電圧降下8V（変圧器内部2V，低圧本線3V，引込み線2V）を考慮して，柱上変圧器の出口では103～107Vに保つように制御されている．

配電線に大きな電流が流れるとその電圧降下によって線路の電圧が変化し，電灯や蛍光灯の明るさが変動する．その結果人の眼にちらつきを感じさせるので，フリッカ（flicker；光の明滅）と呼んでいる．特にアーク炉（電気炉）や溶接機，電動機のような変動負荷で容量の大きい場合フリッカが発生しやすい．フリッカの防止あるいは抑制には，発生源の運転条件を改善するほかに，専用

変圧器からの電力供給，電源の太線化など電源側のインピーダンスを低減する方法などが実施される．

6.4.3 高調波

50, 60 Hz のいわゆる商用周波数の電圧・電流に重畳する何倍かの周波数成分を高調波という．高調波の重畳による電圧波形のひずみは制御装置に悪い影響を与え，高調波電流は過負荷，過熱，誤動作などを生じる可能性がある．具体的には，過大な高調波が存在するとコンデンサに大きな電流が流れるため振動やうなりを発生し，場合によっては過熱，焼損に至る．変圧器やリアクトルは高調波で生じる過電圧によって振動やうなりを生じるとともに過熱や絶縁破壊に至ることもある．ほかにラジオやテレビの雑音，映像のちらつき，電子部品の損傷，ヒューズ，電力計，過電流継電器（リレー）の故障，誤動作といった影響も挙げられる．

高調波は次のような原因で発生するが，いずれも電圧と電流の関係が非線形である．

① 鉄心の磁気飽和：変圧器，回転機などの鉄心の非線形特性による．
② 放電：アーク灯，放電灯のような放電を利用する負荷は，交流の各サイクルで放電発生中は低インピーダンス（短絡），停止時は高インピーダンス（開放）の状態が繰り返され，高調波を含む電流が発生する．
③ 整流器，整流装置：種々の整流回路があるが，各サイクルの通電状況に応じて高調波電流を発生する．
④ 交流電力調整器：サイリスタ，ダイオード，トランジスタなどの電力用半導体素子を用いて交流電力を調整する装置によるものである．これらの調整器は，電熱利用機器，交流電動機の制御などに用いられ，扇風機，洗濯機，照明器具などの家電製品にも広く使用されている．

高調波の防止あるいは抑制は，コンデンサやリアクトルで回路共振によって発生する場合は共振点をずらすことが行われる．ほかに高調波発生機器に対しては高調波を吸収するフィルタを設置する，電源設備側では系統の短絡容量を増大することなどが行われる．

6.5 配電用機器

多種多様な機器があるが，以下では特に配電特有のものの特徴を述べる．

6.5.1 架空電線路

配電系統の線路は架空電線路と地中電線路とがある．架空電線路あるいは架空配電線路は大気中に電線を保持し，大気で絶縁するのが普通であるが，架空ケーブルを用いることもある．支持物は鉄筋コンクリート柱，木柱，鉄柱（鋼板組立柱）が用いられるが，強度，経済性，耐久柱，保守点検の合理化などの点から工場打ちの鉄筋コンクリート柱に統一されつつある．

電線は $2 \sim 3\,\mathrm{mm}$ 厚の架橋ポリエチレン（あるいはポリエチレン）で被覆絶縁した硬銅線やアルミ線（これらを絶縁電線という）を用いる．低圧用架空線にはビニル絶縁電線も用いられる．高低圧配電線に絶縁電線を使用するのは公衆や作業者の感電事故を防止するためである．架空ケーブルには，高圧架橋ポリエチレンケーブル，低圧にはビニル絶縁ビニルシースケーブルも使用される．電線を保持するがいしには配電電圧に対応して高圧がいしと低圧がいしとがある．高圧がいしの耐電圧は交流 45，50，72 kV，低圧がいしの耐電圧は 15，20 kV などである．引通し箇所は送電線のような電線を吊り下げる懸垂がいしではなく，ピンがいしなど電線を上部で保持する形態が多い．引留めの箇所は耐張がいし（電線を引張って固定点に留めるがいし）が用いられる．

6.5.2 地中電線路

地中ケーブルの布設方法には，工事が簡易な順から直接埋設式（直埋式），管路引入れ式，暗きょ式がある．これらの内容は，4.5 節の地中送電線の項で説明している．ケーブルは架橋ポリエチレンで絶縁する CV ケーブル（4.5.2 項参照），CVT ケーブルが用いられる．CVT ケーブルはトリプレックス形 CV ケーブルの略称で塩化ビニル外装（シース）の単心ケーブル 3 条をより合わせた構造である．単心ケーブル 3 本を一括してビニルシースを施した三相一括構造の CV ケーブルに比べると，熱伸縮がケーブル全体で吸収されるので，温度特性の改善，軽量，作業性の向上などの利点がある．

6.5.3 開閉器類

電路（線路）を開閉する機器として，遮断器，開閉器，断路器がある．遮断器は短絡状態の電路を開閉し，開閉器は常規あるいは過負荷状態の電路の開閉に用いられる．断路器は定格電圧で充電状態の（負荷電流の流れていない）電路を開閉するだけである．

(a) 遮断器

配電系統では遮断器は変電所の引出し口にのみ設置され，系統の途中に設置されることはほとんどない．遮断器についてはすでに 5.4 節で，ガス遮断器（GCB），真空遮断器（VCB）を説明したがここで磁気遮断器，気中遮断器について触れる．磁気遮断器は大気中で磁気の駆動力によってアークを移動させ遮断する方式である．コイル（吹消しコイルという）を流れるアーク電流自身が作る磁界でアークを絶縁物の消弧板（アークシュート）間に押し込んで冷却遮断する．電圧 3～20 kV の系統に使用されるが，最近は VCB が主流である．大気中で商用周波数の比較的低電圧の交流あるいは直流に使用する遮断器は，気中遮断器と呼ばれ，交流 1 kV 以下，直流 3 kV 以下に使用される．吹消しコイルで磁界を発生してアークを消弧室内で駆動し，引き伸ばして消弧する方式は，磁気遮断器と同じ原理である．ほかにアークシュートの代わりに多数の鉄板（消イオン板あるいは消イオングリッド）を並べて，アークを消弧室に駆動して冷却消弧する構造も一般的に用いられている．

低圧の配電系統では，ほかに交流 600 V 以下用の配電用遮断器，漏電遮断器などがある．いずれも大気中で開閉を行う気中方式で，まとめて全体を気中遮断器に分類することもある．漏電遮断器は主に交流電路での保護用に用いられる．定格電流は 15～2,500 A であるが，地絡事故を数 mA から数 10 mA の高感度で検出する感電保護用の遮断器も用いられている．地絡事故の検出には三相の電源電流をまとめて一次側とした零相変流器を用い，この二次出力を遮断器を動作させるための信号とする．

(b) 開閉器

配電系統に用いられる開閉器（スイッチ）には 3.6～36 kV 交流用の高圧開閉器と交流 600 V 以下用の低圧開閉器がある．配電線路の作業時の区分や事故

時の切離しを行う目的では，架空電線路では柱上開閉器が用いられる．開閉器の種類には，気中，真空，ガス開閉器がある．気中開閉器は開放形と密閉形があるが，消弧にはアークを消弧室に引き込み，冷却効果とアークの熱で発生する消弧ガスの吹付け効果を利用する方法が多い．真空開閉器は5.4.3項に述べた真空中の拡散を消弧に利用する．ガス開閉器は，SF_6ガスを消弧に用いるもので，パッファ方式（5.4.2項），駆動コイルの電流による電磁力でアークを回転させて遮断するロータリアーク方式などがある．

6.5.4 避雷器

配電線路の絶縁で問題になるのは雷過電圧（雷サージ）である．配電用機器の絶縁レベルは高い雷過電圧に耐える値にはなっていないので避雷器で機器を保護する．送電系統では直撃雷が問題になるのに対し，配電系統の雷過電圧は主に近傍落雷による誘導雷が対象で，電圧100 kV，電流1 kA程度とされている．避雷器の構造は，磁器あるいはガラスの円筒容器内に，放電ギャップと特性要素の直列接続を配置（5.6.2項，図5.10(a)）したものである．特性要素は電流が増大すると抵抗値の低下する非直線抵抗で，以前はSiCが用いられた．最近はZnOを使用し，放電ギャップのない酸化亜鉛形避雷器も用いられるようになった．

6.6 配電自動化

6.6.1 自動化システム

面的に多数の機器と需要家が分散した配電系統において，近年効率的な運用，迅速な制御，需要家へのサービス向上を目的として，自動化が進められている．自動化技術はまた最近のコンピュータ，通信技術の発達によって高速化，高度化が可能になり，それとともに進展しつつある．配電自動化システムは，供給側のシステムと需要家側のシステムに大別されるが，具体的には次のような機能や作業が対象である．さらに，全体を総合体系化した配電総合自動化システムの開発も進展しつつある．

(a) 配電線の監視制御
(b) 負荷制御
(c) 自動検針

6.6.2 配電線の監視制御

　配電線の線路，機器を遠方から監視あるいは制御するシステムで，供給の信頼度の向上と省力化を目的としている．これには配電管理情報の自動収集と開閉装置の監視制御とがある．前者は高圧配電線路の電圧電流，フィーダ（変電所から引き出されている線路）電流，事故点検出などの情報を自動的に集中把握する．後者の監視制御が対象とする機器は主に開閉器である．線路で事故が発生すると事故個所を分離し，それ以外の健全な区間に送電するような操作を自動的に行う．機器の交換や補修，改修工事などの系統切替え操作も変電所からの遠方制御で行われる．さらに最近ではコンピュータの高性能化によって，人力では困難であった多段の系統切替えも可能になった．その結果，供給信頼度がいっそう向上するとともに，配電線の利用率を高めることが可能になっている．

6.6.3 負荷制御と自動検針

　負荷制御は，負荷で使用される電力を遠方から制御するシステムで負荷率を高めることを目的とする．電気温水器，蓄熱式暖房器，街路灯などの自動開閉制御を行う．また電力需要が過大なときに，需要家側での取決めあるいは電力会社との契約に基づいて，工場負荷の一部をカットする（ピークカット）こともこのシステムに含まれる．

　自動検針は需要家の消費電力量を遠方から計測するシステムで，各家庭を巡回して行っている検針作業の省力化と効率向上が目的である．消費電力量のデータを事業所に伝達し，電力量，電気料金を計算する．負荷の分析や季時別料金制度（季節と時間によって料金を変える仕組み）における電力量計の設定の自動切換えなども行う．

演　習

6.1 配電系統の電圧の種類を述べよ．

6.2 三相 4 線式の結線で，$100\,\mathrm{V}/200\,\mathrm{V}$ あるいは $240\,\mathrm{V}/415\,\mathrm{V}$（$230\,\mathrm{V}/400\,\mathrm{V}$）の組合せができる理由を説明せよ．

6.3 最大電力の発生時期が冬季から夏季に移った理由を説明せよ．

6.4 不等率の逆数をコインシデンスファクタと呼ぶが，この値を C とすると，負荷の数 n が 1 なら 1 に等しく，n とともに減少する．n が無限大のときの値を C_∞ として C を与える簡単な式を与えよ．またこれから不等率 f に対する式を導け．

6.5 高調波の発生原因を述べよ．

6.6 高調波を含むひずみ波交流の波形 $f(t)$ を

$$f(t) = \sum_{n=1}^{\infty} A_n \sin(n\omega_0 + \varphi_n)$$

で表すと，基本波 $A_1 \sin(\omega_0 t + \varphi_1)$ に対して n 倍の周波数の $A_n \sin(n\omega_0 t + \varphi_n)$ を第 n 高調波または第 n 調波と呼ぶ．このときひずみ率は次式で与えられる．

$$\text{ひずみ率} = \frac{\text{高調波の実効値}}{\text{基本波の実効値}} = \frac{\sqrt{\sum_{n=2}^{\infty} A_n^2/2}}{A_1/\sqrt{2}} = \frac{\sqrt{\sum_{n=2}^{\infty} A_n^2}}{A_1}$$

$V(0 \sim \pi)$，$-V(\pi \sim 2\pi)$ で繰り返す方形波に対してひずみ率を求めよ．

6.7 漏電遮断器について説明せよ．

6.8 配電系統では直撃雷ではなく主に誘導雷が問題となる理由を説明せよ．

6.9 配電自動化システムの内容を説明せよ．

7

電力系統の運用と制御

電力系統は発電所，送電線，変電所，配電線，負荷などから成り，それらを運用して電気を供給している．運用の基本は有効電力と無効電力のバランスである．本章では，需給運用，周波数制御，および電圧制御について述べる．

7.1 はじめに

2章にも述べたように電力はほとんど貯蔵ができないので，需要に合わせて瞬時瞬時の発電電力と送電量を調整して，需要と供給のバランスを図らなければならない．また停電が発生すると速やかに復旧させる必要があるが，電気的に接続されている系統での局所的な事故や故障が全体に波及しないように電力の輸送を適切にコントロールしなければならない．発電所，変電所はこのように電力系統全体を統括した運用指令に基づいて運転されている．

電力系統の運用と制御については，2章で概要を説明したが本章ではより詳しく解説する．まず電力系統の給電指令体制と時々刻々の需給バランスの方法を述べ，最も経済的な発電を行う手法を説明する．次に電力系統の周波数と電圧を基準の値に保つための発電機の速度調整や電圧調整器の働きを説明する．

7.2 運用組織

発電機，送電線，変圧器などの電力設備を総合的に運用し，需要家に安定した周波数と電圧の電気を供給するのが給電である．そのためには，発変電所はそれぞれ勝手に運転するのではなく，電力系統全体を統括する給電所からの給電指令に基づいて運転を行っている．

図7.1に電力系統における運用組織の例を示す．図のように中央給電指令所，

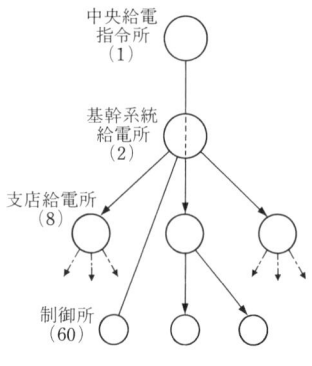

図7.1 給電体制

基幹系統給電所，支店給電所，制御所から成る階層構造をとっている．中央給電指令所が最も上位に位置し，主要な水力，火力，原子力発電所および500 kV変電所および超高圧 (275 kV) 変電所を指令範囲とすることが多い．しかし，図の例では，系統が大きいため，系統を大きな2つの地域に分けて，2カ所の基幹系統給電所がそれぞれの超高圧変電所と関連する発電所を指令範囲としている．支店給電所は大きな地域ごとに置かれ，地域内の154~77 kV 変電所を運転する．制御所はさらに小さな地域ごとに置かれ，無人の水力発電所や配電用変電所を運転制御する．中央給電指令所，給電所，制御所および電気所（発電所や変電所の総称）間は，それぞれ高速の情報通信網によってオンラインで結ばれており，指令や記録の伝達を行っている．

給電指令は，給電所から発変電所，または発変電所を遠方制御する制御所に対して発令される．また，上位の給電所から下位の給電所に発令することもある．給電指令には運転指令，調整指令，操作指令がある．運転指令は設備の始動，運転，停止に関する指令である．調整指令は，運転中の設備の出力，電圧，電力潮流，貯水池の放水量などの調整に関するものである．操作指令は，遮断器や断路器の操作，および保護リレーに関する指令である．

7.3 需給運用

中央給電指令所の主な業務に，変動する電力需要（負荷量）に対して水力，火力，原子力などの発電機を適切に組み合わせて運用する需給運用がある．

7.3.1 需給計画

　一日の需要は図7.2（図2.5再掲）のように時間とともに大きく変化する．したがって発電機をどのように運転するかをあらかじめ計画しておく必要があるが，これを需給計画という．需給計画ではまず翌日の需要予測を行う．過去の需要実績，翌日の天気や気温，季節や曜日特性を考慮して予測を行うが，わが国の最大出力の予測誤差は平均数%程度である．

　次に需要に合うように各発電機の運転計画を作成する．まず，原子力機は通常，一定出力で運転されている．次に，流込み式水力（3.2.1項参照）の出力は河川の流量によって決まり，日単位ではほぼ一定である．調整池式や貯水池式水力は出力調整可能かつ短時間で並入（系統に接続）可能な利点を活かし，ピーク負荷時の調整用として用いる．揚水発電所はピーク時の供給力および電源事故時の予備力とする．原子力など一定出力で運転する電源比率の増大に伴い，揚水発電は軽負荷時の運用に重要な地位を占めるようになった．残りの負荷を火力機が分担するが，火力機の運転台数および発電量は総燃料費が最も経済的になるように決定する．また，電源脱落などによる急激な周波数低下や供給支障に対処するため，即座に出力が増加できる瞬動予備力や数分間で増加できる運転予備力を確保する必要がある．これらの予備力の容量は，それぞれ，需要の3%および3～5%程度である．

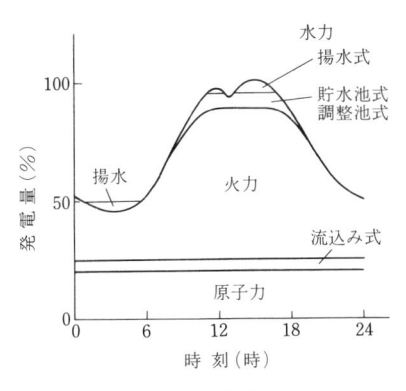

図7.2　需給運用

当日の運転は前日作成した運転計画を基礎に行うが，予測と実際の需要の間には必ず誤差が生じる．この調整は需給制御により行う．十数分以上の長周期の需要変動についてはその時点までの需給実績に基づいてオンラインで今後の需要予測を行い，最適経済配分制御（EDC: economic load dispatching control）により最も経済的な運転となるよう各発電機出力を自動的に調整する．一方，数分〜十数分の短周期変動に対しては負荷周波数制御（LFC: load frequency control）により系統周波数を目標値に保つよう周波数調整発電機の出力を調整する．経済負荷配分の計算は3〜5分ごとに，周波数制御の計算は3〜5秒ごとに行うのが一般的である．

7.3.2 経済負荷配分

火力発電は石油などの燃料を燃やして発電を行うものであり，したがって発電には燃料を必要とする．経済運用とは系統全体の発電量を最も燃料費が少なくなるように火力発電機の出力を決定することである．原子力発電もウラン燃料を必要とするが，ほとんどの場合一定の定格出力で運転するため経済運用の対象とならない．

図7.3に発電所の燃料費特性を示す．発電量が増えるにつれて燃料費が増えるのは当然であるが，発電機によって特性が異なり，一般に次のような2次式で近似する．

$$F_i = a_i + b_i P_i + c_i P_i^2 \tag{7.1}$$

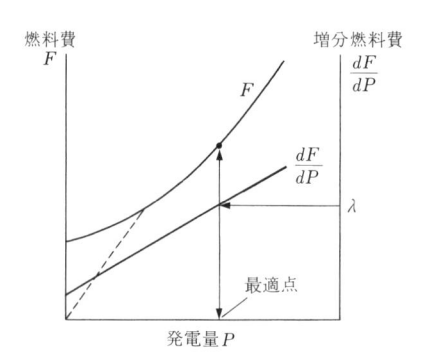

図7.3 火力発電所の燃料費特性

ただし，a_i, b_i, c_i はすべて正の定数，添字 i ($i = 1 \sim n$) は発電機番号である．問題は総燃料費

$$F = \sum_{i=1}^{n} F_i(P_i)$$

を目的関数とし，これを最小にする P_i を求めることである．ただし P を総発電量とすれば

$$P = \sum_{i=1}^{n} P_i \tag{7.2}$$

を満たさなければならない．この問題はラグランジュの未定係数法により解くことができる．すなわち，制約式を目的関数に組み込んだ関数

$$I = \sum_{i=1}^{n} F_i(P_i) + \lambda (P - \sum_{i=1}^{n} P_i)$$

を最小にすればよい．ただし λ は未定係数である．変数 P_i に関する偏微分係数を 0 とおくと

$$\frac{\partial I}{\partial P_i} = \frac{dF_i}{dP_i} - \lambda = 0 \qquad (i = 1 \sim n) \tag{7.3}$$

となる．式 (7.3) はすべての発電機の増分燃料費 (dF_i/dP_i) が等しいことを意味しており，等増分燃料費則と呼ばれる．式 (7.1) を式 (7.3) に代入して解くと

$$\frac{dF_i}{dP_i} = b_i + 2c_i P_i = \lambda \Longrightarrow P_i = \frac{\lambda - b_i}{2c_i} \tag{7.4}$$

となる．P_i の式には λ が含まれているが，上式を式 (7.2) に代入すれば求めることができる．すなわち

$$\lambda = \left(\sum_{i=1}^{n} b_i/c_i + 2P \right) \Big/ \sum_{i=1}^{n} 1/c_i \tag{7.5}$$

である．図 7.3 に λ が与えられたとき，増分燃料費から最適な発電量が決まる様子を示す．

7.3.3 並列台数

1日の発電量は時間とともに変化する．したがって発電量に対応して系統に並列（接続）する火力発電機数も時間によって変化する．ここではどのように並列する発電機を決定するかを考える．いま出力 P における発電単価（1 kWh 当たりの発電コスト）を μ とすれば

$$\mu = \frac{F(P)}{P} \tag{7.6}$$

である．図 7.3 をみると，この値は原点から $F(P)$ へ引いた直線（破線）の傾斜を表していることがわかる．傾斜が最も小さくなるのは直線が $F(P)$ に接するときであり，このときに発電単価が最も小さくなる．すなわち，効率が最も高くなる．通常，定格出力において効率が最も高くなるように設計されている．一方，増分燃料費は，式 (7.1) で b_i, c_i が正であるので出力とともに増えていくが，最高効率点では

$$\lambda = \mu_{\min} \tag{7.7}$$

となる．$\mu_{\min}$ の値が小さいほど効率は良いが，図 7.4 のように効率すなわち発電単価は発電機によって異なる．同じ発電量ならば効率の良い発電機で発電する方が有利である．したがって，並列の順序は $\mu_{\min}$ の小さいものからとなる．

次に何台を並列するかであるが，負荷量に一定の供給予備力を確保できるまで効率の良いものから順次並列していくことになる．負荷が少ない時間帯では，優先順位の低い発電機は停止するが，再起動に費用がかかるため，並列しておいた場合と比較して経済的な方を選択する．

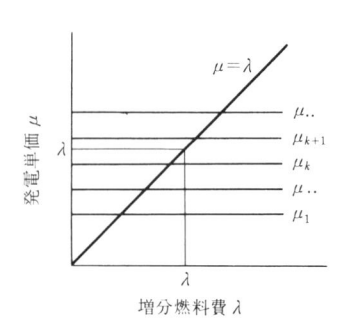

図 7.4 並列台数の決定

7.4 周波数制御と電圧制御

7.4.1 調速機の動作

わが国の周波数は西日本で 60 Hz，東日本では 50 Hz となっている．周波数は発電機の極数と回転数によって決まるものであり，西日本と東日本で相違するのは，電力系統が形成される初期の段階においてどの周波数の発電機を採用したかによっている．どちらの地域でも周波数はほぼ一定に保たれており，その誤差は ± 0.1 Hz くらいの範囲にある．周波数を一定に保つことにより，負荷側の電動機が一定の速さで回転し，所定の性能を発揮するとともに，それによって製造された製品の性能のバラツキが小さくなる．また，発電機側でも蒸気タービンの翼振動を防止し安全に運転するには周波数を一定に保つ必要がある．

周波数はシステム全域において同一である．これは発電機がすべて同期運転しており，調速機により回転速度が一定となるよう制御されるためである．よって，すべての発電機をまとめ，1つの発電機として説明することができる．図 7.5 に水車発電機の調速機の構成を示す．スピーダは水車の回転速度を検出する部分である．負荷が減って回転速度が上がると，ペンジュラム（振り子）が遠心力によって開き，フローティングレバーの左端を上げる．すると，R_0 を支点としてフローティングレバーの右端が下がり，配圧弁のピストンを下げ

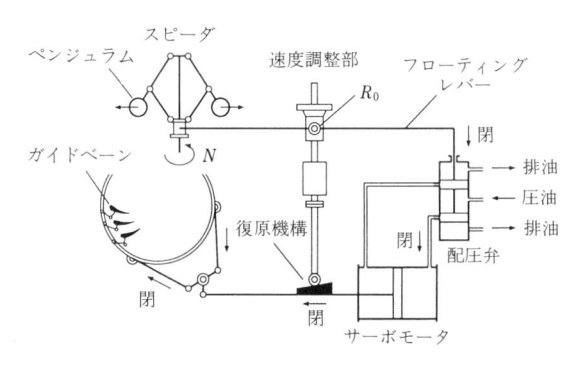

図 7.5 調速機の原理（水車発電機）

る．その結果，圧油がサーボモータに流れ込み，ピストンを左向きに押す．これにより，ガイドベーンが閉まり，水車に流れ込む水の流量が少なくなる．発電機の出力と負荷が均衡したところで，回転速度は一定の値に落ち着く．回転速度が下がったときは，逆の経過をたどる．復原機構は，負荷の変動に際し，調速機によってガイドベーンの閉じ過ぎ，あるいは開き過ぎを防止し，早く安定状態に達するための装置である．上図の調速機は，機械的に速度検出を行う機械式調速機の例であるが，これに対し，電気的に速度を検出するものを電気式調速機という．感度が良く信頼度が高いので，新しい主要な水車には電気式が多く採用されている．

7.4.2 周波数制御の原理

図 7.6 に調速機の速度-負荷特性を示す．動作点では定格速度にあるが，負荷量が増すと発電機の出力が入力より大きくなって回転速度が下がり始める．このとき調速機は入力を増すよう動作し，入出力が平衡する点で一定の回転速度に落ち着く．これをガバナフリー運転という．この制御系の応答は速く，数秒間で定常状態に達する．しかし，回転速度が定格速度からずれているので周波数は基準値とはならない．すなわち

$$\Delta P = K \Delta F \tag{7.8}$$

である．ただし，ΔP は発電機の設定出力と負荷量の差，ΔF は周波数のずれである．

この周波数のずれは速度調整部 R_0（図 7.5）の位置を上に動かし，調速機の

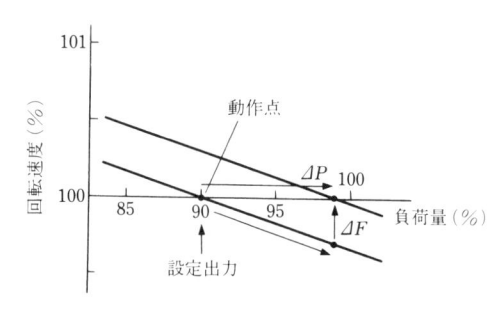

図 7.6 調速機の速度-負荷特性

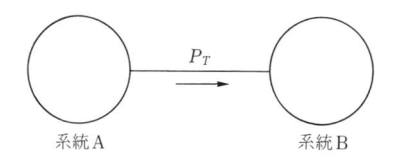

図 7.7 連系系統

速度-負荷特性を ΔP だけ右方向へ移動することで解消できる．こうすれば定格速度において負荷と同じ出力を出すことができ，周波数を基準値に戻すことができる．これが周波数制御の原理である．逆にいえば，周波数がずれていることは発電機の設定出力が負荷量に一致していないことを表している．したがって周波数制御は，具体的には発電機の設定出力を負荷量に合わすよう中央給電所から指令を出すことにほかならない．以上は，発電機 1 台の場合であるが，発電機が複数台のときは系統全体の K の値はすべての並列発電機の和となる．また，負荷の消費電力は周波数が上がると増え，下がると減るという性質をもつ．これを負荷の自己制御性というが，これらを考慮した K の値を系統定数という．その値は一般に系統容量の 0.7〜1.4%/0.1 Hz 程度である．

次に，図 7.7 のように 2 つの系統が送電線で連系されている場合を考える．ただし，連系線には図の向きに一定の潮流 P_T が流れているものとする．いま，系統 A，B において負荷量がそれぞれ ΔL_A，ΔL_B だけ変化したとする．このときの周波数変化を ΔF，連系線潮流の変化を ΔP_T とすると，次の関係が成り立つ．

$$K_A \Delta F + \Delta P_T = -\Delta L_A, \quad K_B \Delta F - \Delta P_T = -\Delta L_B \tag{7.9}$$

ただし，K_A，K_B は A，B 系統の系統定数である．上式より，周波数変化は

$$\Delta F = -\frac{\Delta L_A + \Delta L_B}{K_A + K_B}, \quad \Delta P_T = \frac{K_A \Delta L_B - K_B \Delta L_A}{K_A + K_B} \tag{7.10}$$

となる．この式は，2 つの系統を 1 つの系統と見なしたときの系統定数および負荷変化量から周波数変化量が決まることを示している．また，系統 B の負荷が増えれば連系線潮流が増え，系統 A の負荷が増えれば減ることがわかる．

図 7.8 は連系系統における周波数制御の方法を示している．式 (7.9) から明らかなように，負荷の変化量を零にすれば，周波数および連系線潮流の変化量

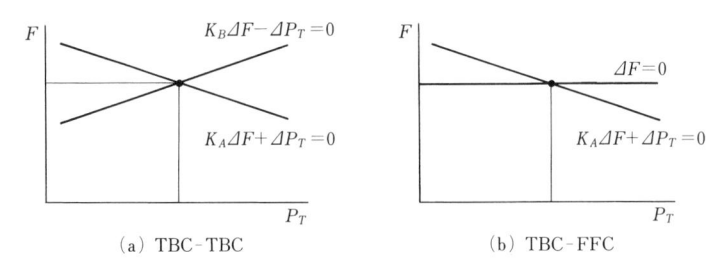

図 7.8 (a) TBC-TBC (b) TBC-FFC

図 7.8 連系系統の周波数制御

は零となる．負荷の変化量は式 (7.9) より知ることができるので，それを打ち消すように発電量の設定値を調整することによって，左辺を零にすることができる．すなわち

$$\Delta P_A = \Delta L_A, \quad \Delta P_B = \Delta L_B \qquad (7.11)$$

このように，系統内における負荷変化量に対して発電量を調整する方式を周波数偏倚連絡線潮流制御 (TBC: tie-line bias control) 方式という．これに対し，周波数の変化量のみにより発電量を調整する方式を定周波数制御 (FFC: flat frequency control) 方式という．図 7.8(a) は TBC 方式を組み合わせたもので，周波数と連系線潮流は 2 つの線が交わる点に保たれる．図 7.8(b) は TBC と FFC を組み合わせた方式である．系統 B は周波数を一定に保つように発電量を調整するが，系統 A が ΔL_A だけ発電量を調整するため，結果として系統 B も ΔL_B だけ発電量を調整することになる．わが国の 60 Hz 系では TBC が，50 Hz 系では TBC と FFC が採用されている．

7.4.3 電圧制御

図 7.9 のような単純な系統を考える．送電端にある発電機は端子電圧もしくは送電端電圧 V_s を目標値に保つ自動電圧調整器 (AVR: automatic voltage regulator) や発電機力率を目標値に保つ自動力率調整器 (APFR: automatic power factor regulator) などを備えている．大容量の水力発電所や火力および原子力発電所では AVR により端子電圧を一定に保つのが一般的である．さらに，昇圧用変圧器に負荷時電圧調整器 (LRC: on-load voltage ratio controller) を備えている発電所では，AVR によって発電機の端子電圧を，LRC によって

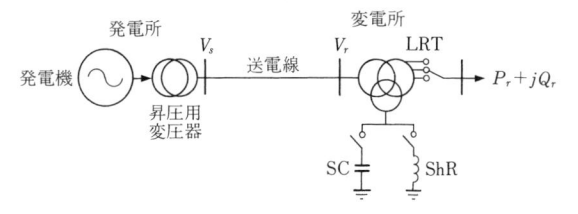

図 7.9 電圧制御機器

送電端電圧を制御している．一方，中小容量水力発電所で端子電圧を一定にするのが困難なときは，APFRにより無効電力を調整し送電損失の軽減を図る．

受電端には並列コンデンサ (SC: shunt capacitor)，分路リアクトル (ShR: shunt reactor)，負荷時電圧調整変圧器 (LRT: on-load ratio control transformer) などが設置される．2章で説明したように，式 (2.2) より受電端における有効，無効電力は

$$P_r = \frac{V_s V_r}{X} \sin \delta, \quad Q_r = \frac{V_s V_r}{X} \cos \delta + \left(y_c - \frac{1}{X}\right) V_r^2 \quad (7.12)$$

で与えられる．ただし，y_c は受電端におけるコンデンサもしくはリアクトルのアドミタンスである．いま，式 (7.12) において $Q_r = 0$ とすれば

$$V_r = \frac{1}{1 - y_c X} V_s \cos \delta \quad (7.13)$$

が成り立つ．送電端の電圧が一定に保たれているとすると，上式から有効電力 P_r の増加により δ が大きくなると受電端電圧が下がることがわかる．また，受電端に並列コンデンサがあり $y_c > 0$ なら電圧が上がり，分路リアクトルがあって $y_c < 0$ ならば電圧が下がることがわかる．図 7.10 に受電端電圧 V_r と負荷電力の関係を示す．動作点では電圧は定格値に保たれているが，図の系統特性が示すように負荷が増えると送電線リアクタンスの影響で電圧は下がる．SC を投入すると電圧特性は右上へ移動し，定格値まで電圧が回復する．ただし，動作点は負荷特性（負荷の電圧特性）に沿って移動する．SC は通常いくつかのバンクに分かれており，段階的に電圧を調整することができる．ShR も同じであるが，SC とは逆に電圧を下げる働きをする．LRT は基準となる電圧に対応したタップの前後に変圧比の異なるタップをいくつか備え，負荷電流を流したままタップを切り替えて二次側電圧を段階的に調整する．

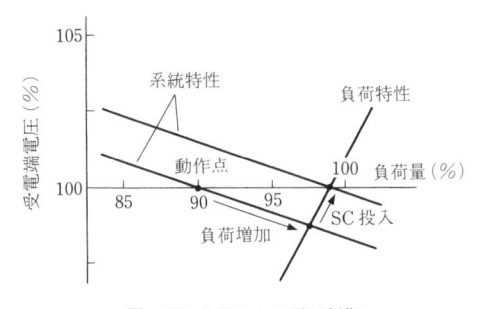

図 7.10 SC による電圧制御

　制御方式は個別制御方式と中央制御方式に分類される．個別制御方式は各電気所（発電所および変電所）が時刻別に定めた基準電圧もしくは無効電力を維持するようにそれぞれの電圧・無効電力調整機器を操作するものである．基準値は，需要家や電力設備の電圧維持，送電損失の軽減などを考慮して決定する．一方，中央制御方式は系統の主要点に設置された監視点のオンライン情報に基づき，中央給電指令所の電子計算機から電気所の個別制御装置へ適正値を指令するものである．発電機へは AVR 上げ下げ指令，LRT へはタップの上げ下げ指令，そして SC, ShR へは開放・投入指令を送る．制御方法には判定関数に基づいて調整効果が最大の機器から制御するもの，必要な無効電力を各発電機の余裕率が等しくなるよう配分するもの，必要な無効電力を送電損失が最小となるよう各発電機に配分するものなどがある．

演　習

7.1 等増分燃料費則の成り立つ理由を発電機 2 台の場合について，未定係数法を使わずに説明せよ．

7.2 3 台の発電機の燃料費特性を

$$F_1 = 11{,}000 + 800P_1 + 5P_1^2$$
$$F_2 = 13{,}000 + 600P_2 + 6P_2^2$$
$$F_3 = 12{,}000 + 720P_3 + 6P_3^2$$

とする．ただし，F, P の単位はそれぞれ円/h, MW である．負荷 300 MW における最適な負荷配分を求めよ．

7.3 調速機の動作原理を説明せよ．

7.4 式 (7.8) において系統定数 K を $1\%/0.1\,\mathrm{Hz}$ とする．いま系統容量を $10,000\,\mathrm{MW}$ とすると，発電量と負荷量に $1,000\,\mathrm{MW}$ の差異があるとき系統周波数はいくらずれるか．また，系統容量が $100,000\,\mathrm{MW}$ のときはどうか．

7.5 2 つの系統が図 7.7 のように連系線で接続されている．いま，周波数が $0.1\,\mathrm{Hz}$ 下がり，連系線潮流が $200\,\mathrm{MW}$ 増えたとする．系統定数を $K_A = 1,000\,\mathrm{MW}/0.1\,\mathrm{Hz}$，$K_B = 500\,\mathrm{MW}/0.1\,\mathrm{Hz}$ とする．両系統が TBC を行うとき，それぞれ発電量をいくら変化させればよいか．

7.6 式 (7.12) において，$Q_r = 0$，$V_s = V_r = 500\,\mathrm{kV}$，$X = 25\,\Omega$，$\delta = \pi/6$ とすれば，y_c の無効電力はいくらか．また，$y_c = 0$，かつ $Q_r = 0$ ならば V_r の値はいくらになるか．

8

電力系統の安定性

電力系統のすべての発電機が同期を保ちながら運転を続けることを安定性という．安定性には通常の運転状態における定態安定性と落雷による短絡などに対する過渡安定性とがある．本章ではこれらの安定性について詳しく述べる．

8.1 はじめに

定態安定性は発電機が需要の変化などに対応して出力を変化させていく場合に，発電機が脱調（同期が保てなくなること）せずに安定に運転できることを意味する．これは発電機の出力と回転子角（位相）の関係から考察することができる．一方，過渡安定性は電力系統が安定な運転状態にあるとき，送電線への落雷による短絡故障や線路の開閉などのじょう乱に対して，発電機が脱調せずに再び安定な運転状態に回復する度合いをいう．ほかに，自動電圧調整器などの制御機器の効果を考慮する場合を動態安定性という．

本章ではこれら3種類の安定性を同期発電機の動作をもとに解説する．なお最近は，対象とする時間領域から，安定性を過渡（1秒程度からせいぜい2〜3秒まで），中間（過渡領域から10数秒程度まで），定態（中間領域以降）の3種類に分けることもある．

8.2 定態安定性

8.2.1 発電機の特性

図8.1に発電機の概念図を示す．回転子が一定の角速度 ω_0 で回転することにより発電を行っている．いま，$\theta = \omega_0 t + \delta$ とおくと，このとき a 相巻線に誘

8.2 定常安定性

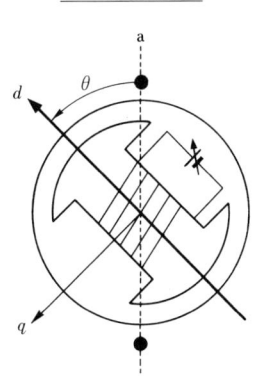

図 8.1 発電機の概念図

起される電圧は

$$e = \sqrt{2}E\cos(\omega_0 t + \delta) \tag{8.1}$$

となる．この電圧を複素数表示すれば

$$\dot{E} = E\angle\delta \tag{8.2}$$

となる．式 (8.1) から明らかなように，ω_0 は電圧の角周波数である．回転子の回転速度を一定に保つことは，周波数を一定に保つことを意味する．回転子の角速度 ω は

$$\omega = \frac{d\theta}{dt} = \omega_0 + \frac{d\delta}{dt} \tag{8.3}$$

で与えられるが，ω が ω_0 からずれると，電圧 $\dot{E}$ の位相 δ が変化することになる．角速度 ω の時間変化は次の動揺方程式により記述される．

$$m\frac{d^2\delta}{dt^2} = P_m - P_e - D\frac{d\delta}{dt} \tag{8.4}$$

ただし，m は回転子の慣性定数，P_m は回転子への機械的入力，P_e は発電機の電気的出力，D は制動巻線によるダンピングトルク係数である．発電機の安定性では角速度より位相 δ の方が重要であるため，上式の表現を用いる．

次に発電機が図 8.2 のように送電線を介して大きな系統につながっている場合を考える．送電線の抵抗は小さく無視できるものとし，リアクタンスのみとする．系統には多くの発電機があるが，これを理想的な定電圧源 $\dot{V}_b$ で表す．位

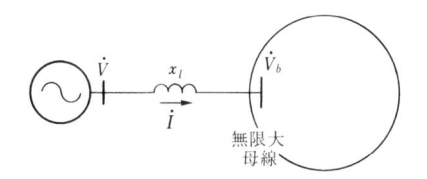

図 8.2 一機無限大母線系統

相は零，周波数は ω_0 である．このような仮想的な母線を無限大母線という．本章ではこのような母線につながれた発電機の安定性を扱う．発電機の端子電圧 $\dot{V}$ と無限大母線電圧 $\dot{V}_b$ には $\dot{V} = \dot{V}_b + jx_l\dot{I}$ の関係がある．ただし，x_l, $\dot{I}$ は送電線のリアクタンスおよび電流である．

いま，発電機の電圧が式 (8.2) により与えられたとすると，電圧および電流の関係は図 8.3 のようになる．発電機の電圧 $\dot{E}$ は無限大母線電圧 $\dot{V}_b$ より位相が δ だけ進んでいる．発電機の座標系として電圧 $\dot{E}$ の向きを q 軸，それより 90° 遅れたものを d 軸と呼ぶ．端子電圧 $\dot{V}$ は発電機の座標系で表すと

$$v_d = x_q i_q, \quad v_q = E - x_d i_d \tag{8.5}$$

となる．ただし，添字 d, q はそれぞれ d 軸および q 軸成分を示す．x_d, x_q は同期リアクタンスというが，一般に軸によって異なる値をもつ．

$x_d = x_q$ ならば，$\dot{V}$, $\dot{V}_b$, $\dot{E}$ の先端は 1 つの線上にあるが，x_d と x_q が異なると $\dot{E}$ の位置はすこしずれる．このように軸によりリアクタンスが異なるのは回転子の形状が向きによって異なるためであり，火力発電機のような円筒形同期機では $x_d \simeq x_q$ となる．

8.2.2 定態安定性

図 8.3 をもとに発電機の電気的出力 P_e を求める．発電機の座標系でみると，端子電圧 $\dot{V}$ は

$$v_d = V_b \sin\delta - x_l i_q, \quad v_q = V_b \cos\delta + x_l i_d \tag{8.6}$$

となる．これを式 (8.5) と組み合わせると

$$i_d = \frac{E - V_b \cos\delta}{x_d + x_l}, \quad i_q = \frac{V_b \sin\delta}{x_q + x_l} \tag{8.7}$$

図 8.3 電圧電流の関係

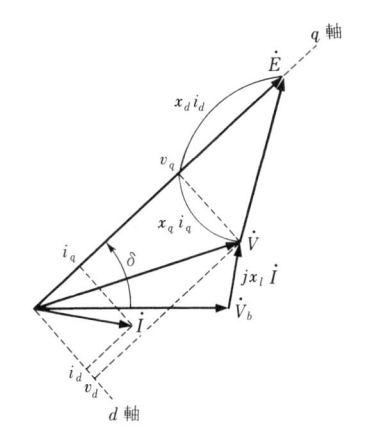

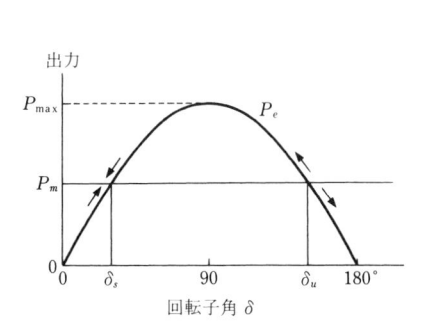

図 8.4 出力相差角曲線

が得られる．送電線に抵抗がなければ，発電機の有効電力はそのまま無限大母線まで伝わる．これより

$$P_e = i_d V_b \sin\delta + i_q V_b \cos\delta$$
$$= \frac{EV_b}{x_d + x_l}\sin\delta + \frac{V_b^2}{2}\left(\frac{1}{x_q + x_l} - \frac{1}{x_d + x_l}\right)\sin 2\delta \qquad (8.8)$$

となる．これを図示すれば，図 8.4 のようになる．ただし，$x_d = x_q$ としたため，右辺第 2 項は消えている．P がとりうる最大値は $P_{\max} = EV_b/(x_d + x_l)$ で，そのときの δ は $90°$ である．いま，発電機への機械的入力を P_m とすると，2 つの回転子角 δ_s と δ_u で電気的出力 P_e とバランスする．仮に δ が δ_s からすこし進むと出力 P_e が入力 P_m より増え，発電機は減速されるので δ は元の位置に戻る．δ が遅れたときも，P_e が減るため発電機は加速し，やはり δ は元の位置に戻ろうとする．このように，回転子角 δ を一定に保つような力を同期化力という．P_e を動作点で線形近似すれば

$$P_m - P_e = -K\Delta\delta$$

となる．ただし，$\Delta\delta$ は動作点からの δ の微小変化量であり，K は同期化トルク係数と呼ばれる．δ_s では K が正の値をもつため，δ は δ_s に戻り安定である．したがって，発電機は位相差 δ_s で運転を継続することができる．これは発電機

が一定出力で運転を続けるうえで重要な性質である．一方，P_m と P_e は δ_u でも一致する．この点も運転点となりうるはずである．しかし，この点では係数 K が負となるため，δ が δ_u からすこしでもずれると，その差は図のようにどんどん大きくなっていく．したがって，δ_u は不安定な平衡点であり，この点で運転を続けることはできない．以上より，発電機の運転点は δ_s となる．

次に，図 8.4 において機械的入力 P_m を少しずつ増していく．すると運転点 δ_s は右方向に移動することがわかる．同期化トルク係数 K は小さくなっていくが正であるため，δ_s が安定な運転点であることは変わらない．しかし，P_m が $P_{\max}$ より大きくなってしまうと，P_m と P_e の交点がなくなる．入力 P_m が出力 P_e より大きいため，発電機は加速を受け，δ が一定値にとどまることはない．したがって，発電機が運転を継続するためには，$P_m \leq P_{\max}$ でなければならない．この $P_{\max}$ を定態安定限界という．式 (8.8) より，$P_{\max}$ は E，V_b，x_d，x_q，x_l によって決まる．E が大きいほど $P_{\max}$ が大きくなるが，端子電圧 V をある一定の範囲に保つ必要がある．また，界磁巻線に流せる電流には温度上昇や励磁機の容量などから一定の制約がある．さらに，$P_{\max}$ は $x_d + x_l$ に反比例し，送電線が長くなるほど送れる電力が小さくなることがわかる．

8.3 過渡安定性

8.3.1 再 閉 路

次に，送電系統に落雷などがあった場合を考える．4.3 節で述べたように，わが国の送電線は一般に二回線であるが，図 8.5 のようにそのうちの一回線が落雷によって三相短絡したとする．落雷の事故は一相地絡，多相地絡などさまざまな形態があるが，最も苛酷な事故として三相短絡を考える．故障点には発電

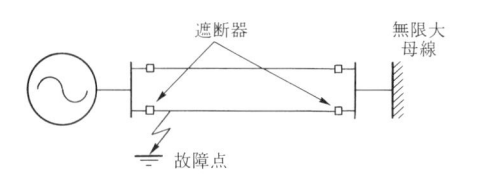

図 8.5 三相地絡故障

8.3 過渡安定性

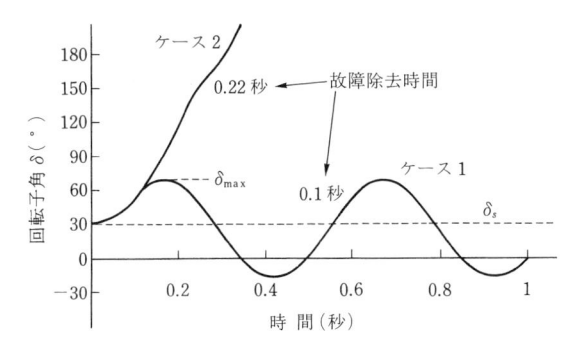

図 8.6 回転子の動揺曲線

機や無限大母線から大きな短絡電流が流れ込む（電流の計算方法は付録 4 で説明する）．発電機や送電線をこの電流から保護するため，できるだけ短時間（たとえば 4 サイクル）で故障回線の両端の遮断器を開く．その結果，送電線は無電圧となり，短絡電流は零になる．これを故障除去という．さらに，一定時間（約 30 サイクル）後に送電線と鉄塔間の絶縁が回復したという想定で，遮断器を閉じて送電線を元の状態に戻すのを再閉路と呼んでいる．再閉路をしないときは，一回線で送電を続けることになる．また，絶縁が回復していないときは再閉路失敗となる．再閉路が成功しても，この一連の操作の間，発電機の出力は一定とはならないため，回転子角が大きく動揺することになる．場合によっては同期を保つことができず，脱調する（同期を失う）こともありうる．

図 8.6 はこのときの回転子角の動揺（時間的推移）を示す．2 つのケースが示してある．ケース 1 は故障を 0.1 秒（50 Hz なら 5 サイクル）で除去したものである．ただし，故障除去と同時に 2 回線に戻している．このとき，回転子角 δ は $\delta_s (= 30°)$ を中心に振動するが，同期は保たれている．一方，ケース 2 は 0.22 秒で故障を除去したもので，δ は δ_s から離れていき，同期が失われている．このように，一過性の故障による安定性を過渡安定性と呼んでいる．送電線は屋外の高い鉄塔に張られているので落雷などによる外乱を免れることはできない．過渡安定性は外乱に対する供給の信頼性を確保するうえで重要な性質である．本節ではこの現象について説明する．

8.3.2 過渡安定性

図 8.3 では，発電機の端子電圧 V は誘起電圧 E から同期リアクタンスによる電圧降下を差し引いたものになっている．しかし，リアクタンス降下の大部分は電機子反作用によるものであり，実際に誘起されている電圧はその分を除いた E'_q である．すなわち

$$E'_q = E - (x_d - x'_d)i_d \tag{8.9}$$

である．図 8.7 に $\dot{E}$, $\dot{E'_q}$, $\dot{V}$ の関係を示す．x'_d は d 軸の過渡リアクタンスというが，E'_q から v_q へのリアクタンス降下 $x'_d i_d$ はもれ磁束によるものである．送電線に故障があると，発電機の電流が変化するため，E'_q も変化しようとする．しかし，界磁巻線は閉じた回路であるため，それに鎖交する磁束はすぐには変化せず，一定に保たれる．過渡安定性は 1 秒程度の短い時間を扱うことから，E'_q を一定として仮定して解析を行うことが多い．したがって，過渡安定性の解析では E の代わりに E'_q，x_d の代わりに x'_d が用いられる．q 軸には界磁巻線がないので x_q のままとする．

図 8.8 は過渡時における電気出力曲線を示したものである．ただし，故障除去後すぐに 2 回線に戻すとしている．動作点 δ_s は定常時と同じである．故障が発生すると，発電機出力 P_e は零になる．このため，発電機は加速され，回転

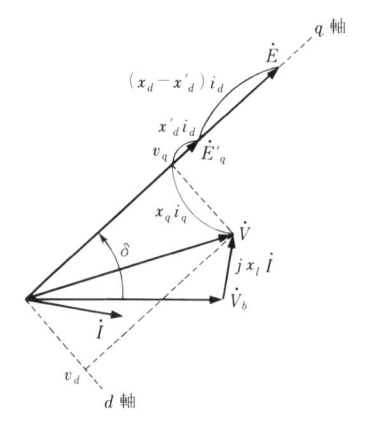

図 8.7 過渡時における電圧電流の関係

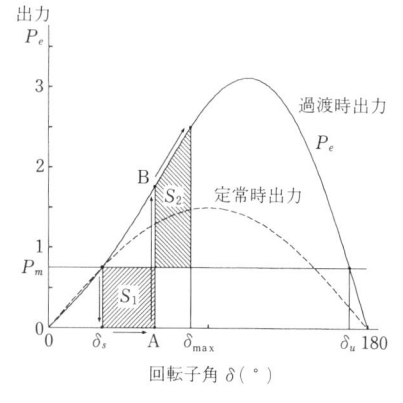

図 8.8 過渡時の出力相差角曲線

子角 δ は右方向に移動する．回転子角が A 点に達したところで故障を除去すると，出力 P_e は B 点にジャンプし入力 P_m より大きくなる．そのため発電機は減速され，回転子角は δ_{max} に達した後，減少し始める．以後は図 8.6 のケース 1 のように，δ_s を中心に振動を繰り返す．このようなケースを過渡的に安定であるという．図 8.8 の斜線で示した部分の面積 S_1 は加速時に回転子に蓄えられたエネルギー，S_2 は減速時に放出されたエネルギーを表す．回転子角が最も大きくなる δ_{max} では

$$S_1 = S_2 \tag{8.10}$$

が成り立つ．故障除去が遅れると A 点が右に移動し面積 S_1 が増すので，S_2 も増し δ_{max} が右に移動することになる．それにより δ_{max} が不安定な平衡点 δ_u より大きくなると，P_e が P_m より小さくなり回転子が加速されるため，δ はさらに大きくなる．したがって δ が δ_s に戻ることはなく同期が失われる．これが図 8.6 のケース 2 に対応し，過渡的に不安定である．すなわち δ_{max} として許容できるのは δ_u までであり，式 (8.10) からそのときの A 点と，それに対応する臨界故障除去時間を求めることができる．これを等面積法というが，過渡安定性を理解するうえで重要な手法である．本章では図 8.5 のような単純な系統を考えているが，実際の系統はもっと複雑であり，発電機ごとの動揺方程式を数値的に積分して回転子の動揺曲線を求め，過渡安定性を判断するのが一般的なやり方である．

8.4　動態安定性

前節では発電機への入力 P_m を一定と仮定したが，実際には P_m はガバナにより変化する．また，発電機の誘起電圧 E'_q を一定と仮定したが，電機子反作用のため時間とともに変化する．さらに，界磁電圧も自動電圧調整器 (AVR: automatic voltage regulator) により発電機の端子電圧が一定になるよう制御される．図 8.9 はそれらの影響を考慮したときに現れる回転子の動揺例で，3 つのケースが示してある．1 つは過渡的に安定であるが，振幅一定の動揺が継続している．2 つ目は漸近安定といい，動揺が時間とともに減衰し最終的には δ_s に収束する．電機子反作用を考慮するとこのような変化になる．一方，3 つ目

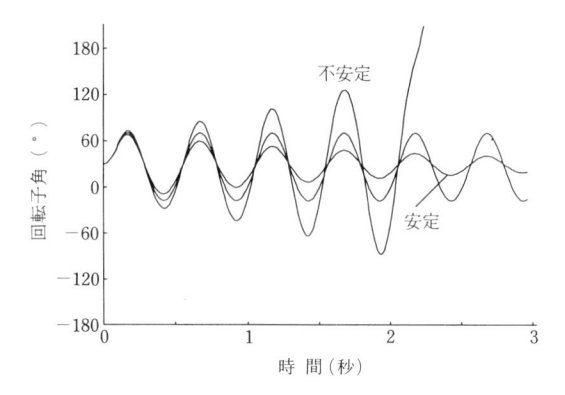

図 8.9 動態安定性

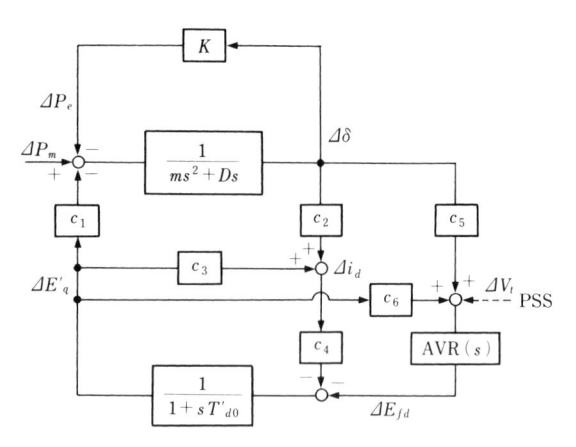

図 8.10 動態安定性

は不安定なケースで，動揺の振幅が時間とともに大きくなり，ついには同期が失われる．AVR のゲインを大きくするとこのような現象が現れることがある．このように動揺が減衰するか発散するかを動態安定性と呼んでいる．図 8.9 では故障による大きな外乱を考えているが，動態的に不安定であると微小な外乱でも振幅が大きくなるため，定常状態における発電機の安定性という意味で重要である．

　動態安定性は，発電機の動揺方程式と制御系の微分方程式を合わせて数値積分し，図 8.9 のような動揺曲線を求めることにより解析することができる．ここでは，図 8.10 のようなブロック線図から各物理量の関係を調べ，動揺が減衰

もしくは発散する仕組みを考察する．まず，誘起電圧 E'_q の時間的変化は

$$T'_{do} \frac{dE'_q}{dt} = E_{fd} - E'_q - (x_d - x'_d)i_d \tag{8.11}$$

で表される．ここで E_{fd} は励磁電圧，T'_{do} は界磁の過渡開路時定数である．これを動作点で線形化して整理すると

$$\Delta E'_q = \frac{1}{1 + sT'_{do}} \{\Delta E_{fd} - (x_d - x'_d)\Delta i_d\} \tag{8.12}$$

となる．ただし，s はラプラス演算子 $(= d/dt)$ であり，Δ は動作点からの微小変化量を表す．図 8.10 は各変数の微小変化量の関係を示したものである．図中の K, c_i $(i = 1 \sim 6)$ は定数で，通常は正の値をもつ．式で表すと

$$K = \frac{E'_q V_b}{x'_d + x_l} \cos\delta + V_b^2 \left(\frac{1}{x_q + x_l} - \frac{1}{x'_d + x_l}\right) \cos 2\delta$$

$$c_1 = \frac{V_b}{x'_d + x_l} \sin\delta, \quad c_2 = \frac{1}{x'_d + x_l}, \quad c_3 = \frac{V_b}{x'_d + x_l} \sin\delta, \quad c_4 = x_d - x'_d$$

$$c_5 = \frac{v_d}{V} \frac{x_q}{x_q + x_l} V_b \cos\delta - \frac{v_q}{V} \frac{x'_d}{x'_d + x_l} V_b \sin\delta, \quad c_6 = \frac{v_q}{V} \frac{x_l}{x'_d + x_l}$$

となる．K, c_1 は式 (8.8) を線形化すると得られる（演習 8.5）．c_2, c_3, c_5, c_6 は式 (8.6), (8.7) および $V^2 = v_d^2 + v_q^2$ を線形化することにより導出される．ただし，E, x_d の代わりに E'_q, x'_d を用いる．c_4 は式 (8.12) より明らかである．AVR(s) は AVR の伝達関数を表す．式 (8.12) より，誘起電圧の変化量 $\Delta E'_q$ は Δi_d と ΔE_{fd} によって決まる．電機子電流と端子電圧の変化量 Δi_d, ΔV は回転子角の変化量 $\Delta \delta$ によって決まるが，$\Delta E'_q$ からのフィードバックもある．

発電機の出力は $\Delta \delta$ と $\Delta E'_q$ に比例して変化する．図 8.10 より

$$\Delta P_e = K\Delta\delta - c_1 G(s)\{c_2 c_4 + c_5 \text{AVR}(s)\}\Delta\delta \tag{8.13}$$

となる．ただし

$$G(s) \equiv \frac{1}{1 + c_3 c_4 + c_6 \text{AVR}(s) + sT'_{do}}$$

である．式 (8.13) の右辺第 1 項 $K\Delta\delta$ は同期化トルクであり，図 8.11 のように $\Delta\delta$ と同位相である．第 2 項は 2 つの項 $F_1(\equiv -c_1 G(s)c_2 c_4 \Delta\delta)$ と $F_2(\equiv$

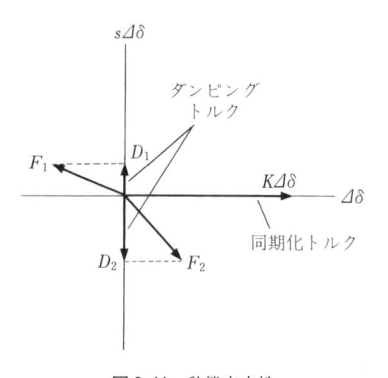

図 8.11 動態安定性

$-c_1 G(s) c_5 \mathrm{AVR}(s) \Delta\delta$ から成るが,F_1 は電機子反作用,F_2 は AVR の作用によるものである.F_1 は $\Delta\delta$ とは逆位相で,かつ $G(s)$ における位相遅れのため,図の第 2 象限にある.ベクトル F_1 のうち,位相が $\Delta\delta$ より 90° 進んだ成分 D_1 は式 (8.4) の右辺第 3 項と同じ位相をもつためダンピングトルクとして働く.したがって,電機子反作用は動揺を減衰させる効果がある.一方,F_2 は,回転子角が大きくなると c_5 が負の値をもつため $\Delta\delta$ と同相で,かつ伝達関数 $\mathrm{AVR}(s)$ と $G(s)$ における時間遅れにより,F_2 は第 4 象限にある.そのため,ダンピングトルク D_2 は負となることがわかる.したがって AVR は動揺を発散させるように作用する.もし,AVR のゲインが大きくなり,その結果 $|D_2| > D_1$ になると,回転子の動揺は発散するようになる.

以上により発電機が不安定になる原因が明らかになった.このように発電機が不安定になるのを防止するため,図 8.10 中に示したように系統安定化装置 (PSS: power system stabilizer) から AVR に補助信号を加え,正のダンピングトルクが得られるような対策がほどこされている.

演 習

8.1 電力系統の安定性の種類を述べよ.
8.2 図 8.3 において,$x_d = x_q$ であれば $\dot{V}, \dot{V}_b, \dot{E}$ の先端が 1 つの線上にあることを説明せよ.
8.3 式 (8.8) を導け.

8.4 図 8.4 には入出力の平衡点が δ_s と δ_u の 2 点にある．運転点が δ_s になる理由を述べよ．

8.5 式 (8.4) において P_m を定数，$P_e = 0$, $D = 0$ としたとき，δ はどのように変化するか式で示せ．

8.6 式 (8.4) において $P_m - P_e = -K\Delta\delta$, $D = 0$ とおくと，$\Delta\delta = C\sin\omega t$ となることを示せ．ただし，C:定数，$\omega = \sqrt{K/m}$ とする．

8.7 式 (8.8) より図 8.10 の K, c_1 を表す式を導け．

8.8 図 8.10 において $\mathrm{AVR}(s) = 0$ とすれば必ず $D_1 > 0$ となり，動態的に安定になることを示せ．

9

パワーエレクトロニクス

ダイオードやサイリスタなどの半導体素子を電力用に利用する技術をパワーエレクトロニクスという．電力系統では直流送電や無効電力補償装置などに適用され，高機能化が図られている．本章ではこれらの機器について説明する．

9.1 はじめに

　半導体素子のダイオードは電圧が順方向にかかれば電流を流し，逆方向であれば電流を流さない．この性質を利用して交流を整流し直流に変換することができる．サイリスタも同じく半導体素子であるが，ダイオードの性質に加え，電流が流れ始めるタイミングを調整し電流の大きさを制御することができる．これらの素子は交流から直流，直流から交流への変換や周波数変換などに広く利用されている．元々，このような半導体素子は電子回路で用いられていたが，電圧および電流容量を高めた素子が電動機の速度制御や電力系統の制御にも適用されるようになった．半導体素子を電力用に利用する技術はパワーエレクトロニクスと呼ばれている．初期の直流送電では水銀整流器が用いられたが，現在ではサイリスタがそれに取って代わっている．また，無効電力補償用の並列コンデンサや分路リアクトルはスイッチで切り替えるため離散的な制御しかできないが，パワーエレクトロニクスを応用した静止形無効電力補償装置 (SVC: static var compensator) では補償量を高速かつ連続的に調整できるため制御の質が飛躍的に向上している．本章では直流送電やSVCによる電圧制御のほか，サイリスタ制御直列コンデンサ (TCSC: thyristor-controlled series capacitor) による潮流制御などについても解説する．

9.2 直流送電での応用

　直流送電は交流を直流に変換して送電し，再び交流に逆変換する送電方式である．周波数の異なる地域間を連系することができ，交流のように安定性が問題とならないので，長距離送電にも適用される．ただし，わが国ではあまり長距離の直流送電はない．図 9.1 に直流送電の基本的な構成を示す．変換器用変圧器，変換器，直流リアクトル，直流線路から成っている．変換器は送電線の両端にある．左側の変換器は交流から直流へ変換 (順変換) し，右側の変換器は直流から交流へ変換 (逆変換) する．変換器はサイリスタから成る三相ブリッジ回路である．直流リアクトルは電流を平滑化し，脈動分の少ない一定の直流電流を得る．

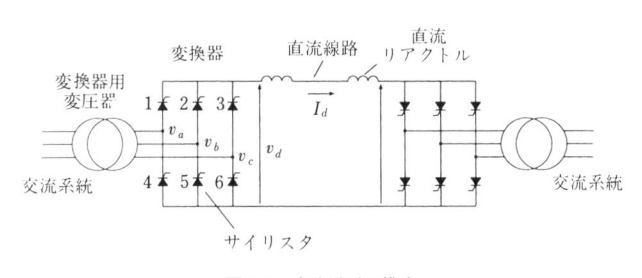

図 9.1　直流送電の構成

9.2.1　変換器の動作

　図 9.2 で変換器の動作を説明する．変圧器の電圧 v_a, v_b, v_c は正弦波電圧である．いま，サイリスタ 1 と 6 とがオンになっているとする．このとき直流側には $v_a - v_c$ の電圧が現れる．電圧が正のときに注目すると，$v_b > v_a$ になったとき，制御角 α でサイリスタ 2 にゲートパルスを加えると，サイリスタ 2 がオンになりサイリスタ 1 はオフになる．このとき，サイリスタ 1 に流れていた電流はサイリスタ 2 に移る．同じように，$v_c > v_b$ になるとサイリスタ 3 がオンになり，サイリスタ 2 がオフになる．このようにサイリスタは $1 \rightarrow 2 \rightarrow 3 \rightarrow 1 \cdots$ の順にオンになる．サイリスタの電流 i_1, i_2, i_3 は図のような方形パルスであるが，これらが合わさって 1 つの直流電流 I_d を形成する．電流がサイリスタか

(a) 交流電圧

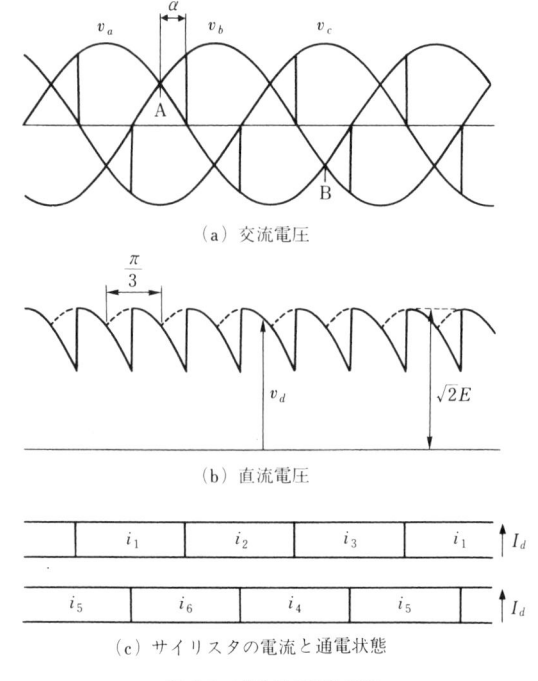

(b) 直流電圧

(c) サイリスタの電流と通電状態

図 9.2 変換器の動作原理

らサイリスタへ移ることを転流という．負の電圧についてはサイリスタ 4，5，6 が同じ動作をする．

　直流電圧 v_d は図 (b) のように脈動している．脈動の幅は電気角で $\pi/3$，ピーク値は $\sqrt{2}E$ であることから，直流成分は次式で与えられる．

$$E_{d\alpha} = \frac{3}{\pi}\int_{-\frac{\pi}{6}+\alpha}^{\frac{\pi}{6}+\alpha} \sqrt{2}E\cos\theta d\theta = \frac{3}{\pi}\sqrt{2}E\cos\alpha \equiv E_{d0}\cos\alpha \qquad (9.1)$$

$E_{d\alpha}$ を無負荷直流電流というが，制御角 α により変化する．この式は転流が瞬間的に起こると仮定して得られたものである．しかし，実際には図 9.3 のように変圧器に漏れインダクタンス L があるため，転流には一定の時間が必要である．この時間を重なり角といい，電気角 u で表すことにする．この間に電流 i_2 は 0 から I_d へ変化することから

$$i_2 = \int_{t_1}^{t_2} \frac{v_b - v_a}{2L}dt$$

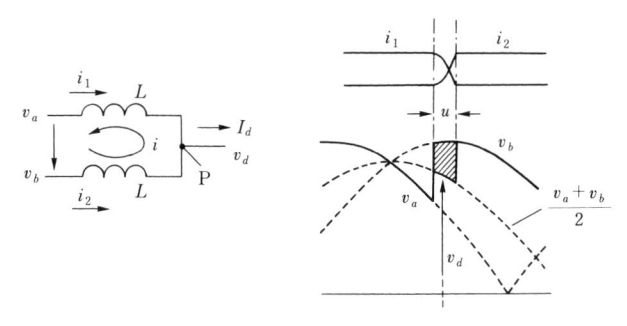

図 9.3 重なり角

$$= \frac{1}{2L}\int_{t_1}^{t_2} \sqrt{2}E\sin\omega_0 t\, dt$$
$$= \frac{1}{2\omega_0 L}\sqrt{2}E\{\cos\alpha - \cos(\alpha+u)\} = I_d$$

となる．ただし，ω_0 は交流の角周波数，$\omega_0 t_1 = \alpha$，$\omega_0 t_2 = \alpha + u$ である．上式より

$$\frac{1}{2}\sqrt{2}E\{\cos\alpha - \cos(\alpha+u)\} = XI_d \tag{9.2}$$

が得られる．$X \equiv \omega_0 L$ を転流リアクタンスという．転流中，P 点の電圧は v_a と v_b の平均となる．したがって，直流電圧 v_d は図のようになり，斜線をほどこした分だけ低下する．この転流リアクタンス降下 ΔE_d を式で表せば

$$\Delta E_d = \frac{3}{\pi}\int_{\alpha}^{\alpha+u} \frac{1}{2}\sqrt{2}E\sin\theta\, d\theta = \frac{3}{\pi}\times \frac{1}{2}\sqrt{2}E\{\cos\alpha - \cos(\alpha+u)\}$$

となる．式 (9.2) と上式より

$$E_d = E_{d0}\cos\alpha - \frac{3}{\pi}XI_d \tag{9.3}$$

が得られる．電流 I_d が大きいほど転流に時間を要するため，転流リアクタンス降下は大きくなる．

9.2.2 順変換と逆変換の等価回路

次に，α のとりうる値を考える．図 9.2 において，サイリスタ 1 から 2 への転流が可能なのは $v_b > v_a$ が成り立つ A から B までである．したがって，α

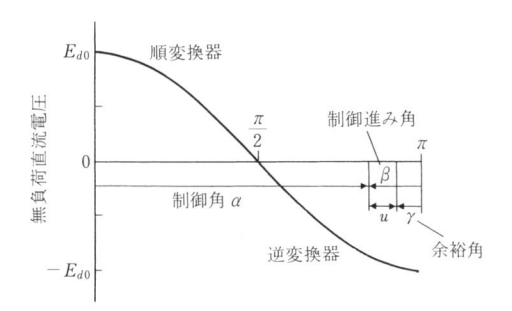

図 9.4 重なり角

は $0 \sim \pi$ の値をとることができる．そこで α をこの範囲で変えたときの無負荷直流電圧を調べると図 9.4 のようになる．$\alpha = 0 \sim \pi/2$ では $E_{d\alpha} > 0$ となり，電力は交流側から直流側へ流れ，変換器は順変換器として動作する．一方，$\alpha = \pi/2 \sim \pi$ では $E_{d\alpha} < 0$ となるため，電力は直流側から交流側へ流れ，変換器は逆変換器として動作することになる．いま，E_d の符合を逆にし，$\beta = \pi - \alpha$ とすると

$$E_{di} = E_{d0} \cos\beta + \frac{3}{\pi} X I_d \tag{9.4}$$

となる．ただし，添字 i は逆変換器を意味する．しかし，転流は重なり角 u を必要とするので $\beta > u$ でなければならない．実際にはこれに一定の余裕をみて

$$\beta = u + \gamma$$

となるような運転をする．この γ を余裕角という．式 (9.2) で $\alpha \to \gamma$ とすれば，式 (9.4) は次のように変形できる（演習 9.2 参照）．

$$E_{di} = E_{d0} \cos\gamma - \frac{3}{\pi} X I_d \tag{9.5}$$

以上により，順変換器と逆変換器に対する表現が導かれた．両者をまとめて示すと図 9.5 のような等価回路になる．一般に逆変換器側では余裕角 γ を一定に保つ定余裕角制御を行う．直流線路に流れる電流 I_d は直流電圧 E_d，E_{di} と線路の抵抗 R によって決まる．しかし，直流電流は交流側の電圧によって変動するため，順変換器側では制御角 α によって直流電圧 E_d を調整し直流電流 I_d を一定に保つ定電流制御を行う．さらに，電流の設定値を変えることにより電力

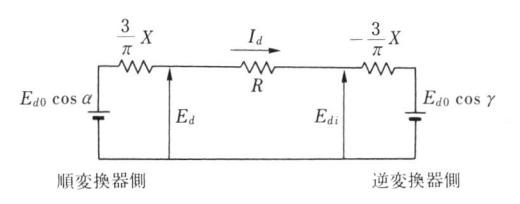

図 9.5 等価回路

を変化させることができる．なお，交流電圧の変化については，変換器用変圧器のタップ制御によりほぼ一定となるよう制御する．

9.3 系統制御への応用

9.3.1 静止形無効電力補償装置 (SVC)

図 9.6 に静止形無効電力補償装置 (SVC: static var compensator) の構成を示す．SVC はコンデンサと並列にサイリスタ制御リアクトル (TCR:thyristor-controlled reactor) を設け，その電流をサイリスタで調整するものである．これにより，電圧 v を連続かつ高速に制御することができる．

図 9.7 に TCR の電圧と電流の関係を示す．電圧の零点から角度 ϕ のところでサイリスタ 1 をオ

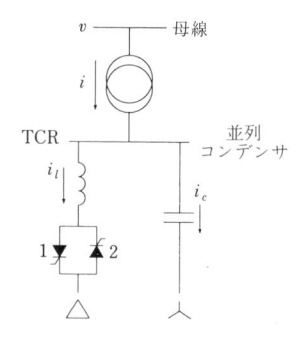

図 9.6 SVC の構成

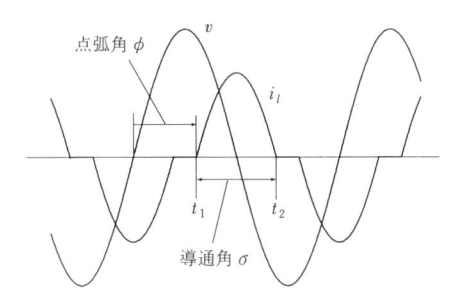

図 9.7 TCR の電圧電流波形

ンにすると電流 i_l が流れ始める．電圧が負のときはサイリスタ 2 をオンにする．電圧と電流の位相差が $\pi/2$ なので，点弧角 ϕ のとりうる範囲は $\pi/2 \sim \pi$ である．$\pi/2$ では常にリアクトルに電流が流れ，通常のインダクタンスと同じになる．$\phi = \pi$ とするとリアクトルにまったく電流が流れない．いま，サイリスタの導通角を σ とすれば，$\sigma = 2(\pi - \phi)$ となる．導通中のリアクトル電流 i_l は

$$i_l = \frac{1}{L}\int_{t_1}^{t}\sqrt{2}V\sin\omega_0 t dt = \frac{\sqrt{2}V}{\omega_0 L}(\cos\omega_0 t_1 - \cos\omega_0 t) \tag{9.6}$$

で表される．ただし，$\omega_0 t_1 = \phi$，V は電圧 v の基本波実効値である．電流の基本波成分 I_l は

$$I_l = \sqrt{2}\int_0^1 i_l \cos\omega_0 t dt = \sqrt{2}\int_{t_1}^{t_2} i_l \cos\omega_0 t dt \times \frac{\omega_0}{\pi} \tag{9.7}$$

である．ただし，$\omega_0 t_2 = 2\pi - \phi$．上式 2 番目の右辺は積分を半周期ごとに計算し，それを 1 秒間にわたって合計している．式 (9.6) を式 (9.7) に代入して整理すると

$$I_l = -\frac{1}{\omega_0 L}\frac{\sigma - \sin\sigma}{\pi}V \equiv -\frac{1}{X_l}V \tag{9.8}$$

となる．ここで X_l は TCR の等価リアクタンスであり，負符号は遅れ電流を意味する．ϕ が $\pi/2$ と π 以外では，電流 i_l は図のように歪んでおり奇数次の高調波を含む．TCR を△結線することにより，3 の倍数次高調波が除去できる．5, 7 次など $6n \pm 1$ 次高調波 (n : 自然数) が残るが，これらはフィルタにより吸収することができる．さらに，変圧器を 2 分割し，位相を 30° 変えると $12n \pm 1$ 次高調波のみが残る．

図 9.8 に SVC の制御特性を示す．前述のように点弧角の範囲は $\pi/2 \sim \pi$ であるが，この制御領域における電流を

$$I = \frac{V - V_{\text{ref}}}{X_s} \tag{9.9}$$

となるよう制御する．ここで V_{ref} は基準電圧である．X_s はスロープリアクタンスといい，電圧変化量と電流変化量の比を表す．通常，$1 \sim 5\%$ とする．この領域では $V > V_{\text{ref}}$ ならば遅れ電流を流して無効電力を消費し，電圧を下げる．

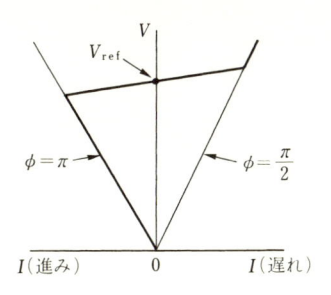

図 9.8 SVC の制御特性

逆に $V < V_{ref}$ ならば進み電流を流して無効電力を供給し，電圧を上げるよう作用する．一方，点弧角が π になると，TCR に電流が流れず，コンデンサのみとなる．また，点弧角が $\pi/2$ になると TCR はリアクトルと同じになる．いずれにおいても，電圧に比例した進みもしくは遅れ電流が流れる．

9.3.2 サイリスタ制御直列コンデンサ (TCSC)

静止形無効電力補償装置は並列コンデンサのリアクタンスをサイリスタ制御リアクトルにより変化させるものであった．これを直列コンデンサに適用したものがサイリスタ制御直列コンデンサ (TCSC: thyristor-controlled series capacitor) である．

図 9.9 に TCSC の構成を示す．長距離の送電線では線路のリアクタンスが大きくなり，送電容量は式 (2.1) により制約される．そこで線路に直列にコンデンサを入れると，リアクタンスを小さくすることができる．TCSC は直列コンデンサと並列にリアクトルを設け，その通過電流をサイリスタで制御するものである．サイリスタの点弧法は図 9.7 の SVC と同じで，TCR のリアクタンスも式 (9.8) で与えられる．直列コンデンサは送電線のインダクタンスと共振回路を

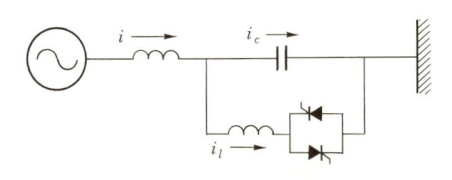

図 9.9 TCSC の構成

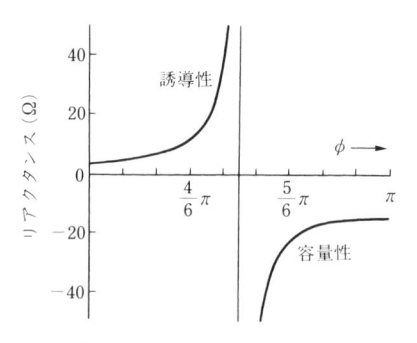

図 9.10 TCSC のリアクタンス

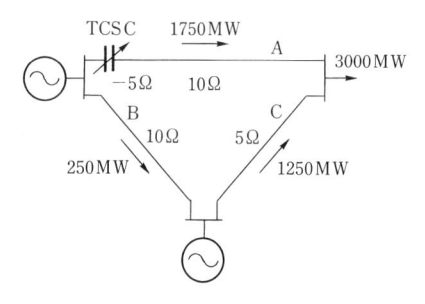

図 9.11 潮流制御

形成し，その電気的振動が発電機タービン軸のねじれ振動と共振して軸を破損することがある．この現象は軸ねじれ共振 (SSR: subsynchronous resonance) と呼ばれ，コンデンサのリアクタンスを制限する要因になっている．TCSC は SSR の緩和に有効であるといわれている．

図 9.10 に TCSC の等価リアクタンスと点弧角の関係を示す．点弧角を π にすると TCR に流れる電流は零になるため，TCSC は容量性のリアクタンスになる．点弧角を π から小さくしていくと，TCR に電流が流れコンデンサの電流を打ち消すため，TCSC の等価リアクタンスは容量性でかつ大きくなる．図の例では 2.37rad に共振点があり，それより点弧角が小さくなると TCSC は誘導性のリアクタンスに変わる．一般に使用されるのは容量性の領域である．誘導性の領域では TCSC の端子電圧が大きく歪む．

図 9.11 は簡単な送電系統の潮流制御の例を示している．2 つの電源と 1 つの負荷があり，それらを 3 つの送電線 A,B,C でつないだものである．送電線は

それぞれ 10Ω あるいは 5Ω のリアクタンスをもつ．電源の発電量が与えられると，送電線に流れる電力（潮流）はそのリアクタンスによって決まる．このままでは潮流を自由に変えることはできず，送電線が過負荷になることもしばしばある．いま，TCSC を送電線 A に挿入し，そのリアクタンスを変えると潮流の制御が可能になる．このような制御を送電系統の潮流制御と呼んでいる．TCSC は連続かつ高速に潮流制御を行うことができ，このような機器を組み込んだ系統を FACTS (flexible AC transmission system) と総称している．

9.3.3 STATCOM

従来のサイリスタは電流を流すタイミングを制御できるが，電流が零にならないとオフにはならない．これに対し，GTO(gate turn-off thyristor) や IGBT(insulated gate bipolar transistor) は任意のタイミングで電流を切ることができる．このような自己消弧素子を使った機器に自励式無効電力補償装置 (STATCOM: static synchronous compensator) がある．SVC と同じく，電圧制御に用いられ，進みと遅れ，いずれの無効電力も供給できる．SVC，TCSC とともに FACTS 機器の 1 つに数えられる．

図 9.12 に三相式 STATCOM の構成を示す．変電所の母線に変圧器を介して接続されている．電圧形のコンバータであり，直流コンデンサ C の直流電圧 v_d を交流電圧 $\dot{E}$ に変換する．変換器は GTO とダイオードの対から成る．a 相には 1 と 2，2 つの対があるが，これらは交互にオンオフを繰り返す．図 9.13 にコンデンサの中間電圧 $v_d/2$ に対する a 相の電圧 v_{aN} を示す．図から明らか

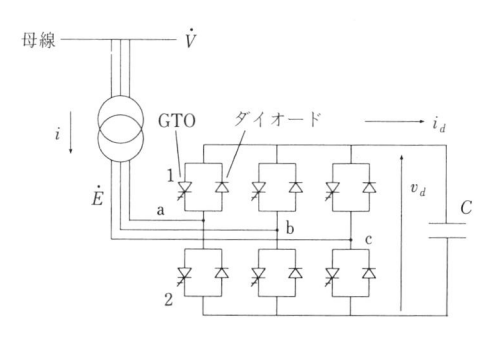

図 9.12 STATCOM の構成

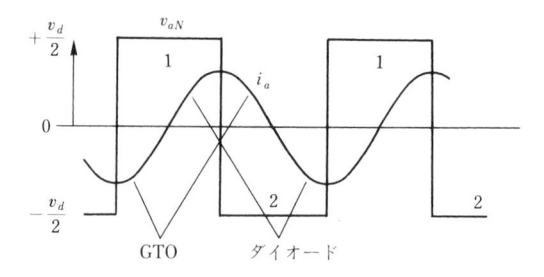

図 9.13 電圧電流波形

なように，STATCOM の出力電圧は方形波である．素子 1, 2 のオンオフのタイミングにより，母線の交流電圧 $\dot{V}$ との位相差を調整することができる．電流は変圧器の漏れリアクタンスを X とすれば

$$\dot{I} = \frac{\dot{V} - \dot{E}}{jX} \tag{9.10}$$

となる．したがって，$\dot{E}$ が $\dot{V}$ と同位相となるようにすれば，STATCOM は無効電力のみを吸収もしくは放出する．この場合，$V > E$ であれば STATCOM は無効電力を消費し，したがって母線電圧 V を下げるように作用する．逆に $V < E$ ならば無効電力を放出して母線電圧を上げることになる．電流波形は図のようであるが，電圧と同じ向きの電流はダイオードを流れ，逆向きの電流はGTO を流れる．

$\dot{E}$ の大きさは直流電圧 v_d によって決まる．素子のオンオフのタイミングを変え，$\dot{E}$ の位相を $\dot{V}$ より遅らせると，有効電力が交流側から供給されて v_d が上昇する．逆に，進めれば下降する．適当な値になったところで $\dot{V}$ と同位相にすれば無効電力のみの授受ができる．SVC では母線電圧が下がるとコンデンサの電圧特性になる．しかし，STATCOM では母線電圧が下がっても，v_d をそれに応じて変えれば定格電流を維持することができるため，SVC よりも電圧維持能力が優れている．スイッチング周波数が低いため，STATCOM の損失は定格無効電力の 1% 程度以下である．

9.3.4 SSSC

STATCOM は系統に並列に設置するものであるが，図 9.14 のように変圧

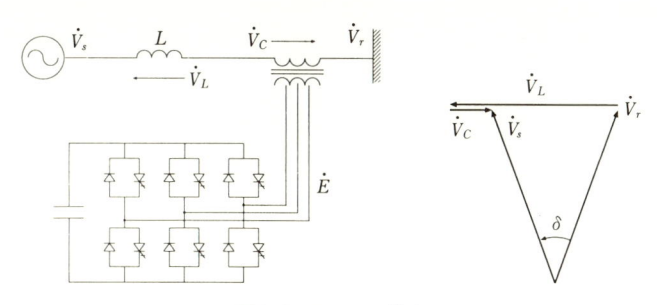

図 9.14 SSSC の構成

器を介して送電線に直列に挿入したものは SSSC (static synchronous series compensator) と呼ばれる．これも FACTS 機器の1つである．TCSC と同じく，送電線リアクタンスによる電圧降下を補償し，両端電圧の位相差を小さくする．線路電流に関係なく，V_c を調整できる点が TCSC とは異なる．

STATCOM と SSSC を組み合わせたものは UPFC(unified power flow controller) と呼ばれている．直列および並列補償を同時に行うことができ，制御性能が優れている．また，現在は自己消弧素子として GTO が主に用いられているが，IGBT のほか MTO(MOS turn-off thyristor), ETO(emitter turn-off thyristor), GCT(gate-commutated thyristor) など，スイッチング特性に優れ，かつ損失の少ない素子が開発され，採用されつつある．図 9.13 のような単純な方形波ではなく，幅の異なる複数のパルスで正弦波を近似する PWM(pulse width modulation) 制御により低次高調波を減少させることも可能になると予想される．

演 習

9.1 125 kV の直流送電で 300 MW を送る．このとき，電流はいくらか．現在の制御角 α を 0 とする．直流電圧を 1 kV 下げるには，制御角 α をいくらにすればよいか．また，このときの電流および電力の変化量を求めよ．ただし，送電線の抵抗を 1Ω とし，転流リアクタンスは 0 とする．

9.2 式 (9.2), (9.4) から式 (9.5) を導け．

9.3 三相ブリッジ回路で発生する直流電圧のリプル率を求めよ．ただし，簡単のためサイリスタの重なり角は 0 とする．

9.4 TCR の等価リアクタンス X_l は式 (9.8) により与えられる. X_l は導通角 σ によってどのように変化するか. $\sigma = 1, 2, 3\,\mathrm{rad}$ について計算せよ. ただし, $\omega_0 L = 1\,\Omega$ とする.

9.5 式 (9.8) は基本波電流に対する値である. 奇数高調波に対する式を導け.

9.6 SVC において TCR を△結線すれば 3 の倍数次高調波が除去され, さらに変圧器を 2 分割して位相を 30° 変えると $12n \pm 1$ 次高調波のみ残る理由を説明せよ.

9.7 図 9.10 は $1/\omega C = 15\,\Omega$, $\omega_0 L = 2.56\,\Omega$ として求めたものである. 点弧角 $\phi = 150, 160, 170°$ に対する等価リアクタンスを計算せよ. ただし, $\omega_0 = 377\,\mathrm{rad/s}$ とする.

9.8 送電線のリアクタンスを $\omega_0 L = 45\,\Omega$, 直列コンデンサのリアクタンスを $1/\omega_0 C = 15\,\Omega$ とするとき, 共振周波数はいくらになるか. ただし, $\omega_0 = 377\,\mathrm{rad/s}$ とする.

10

過電圧と絶縁

> この章は，電力工学の重要な基礎である，いわゆる高電圧工学と呼ばれる学問分野の内容を簡潔にまとめたものである．まず正常な運転状態の電圧を超える過電圧の発生するメカニズムを説明する．次に高電圧電力機器に使用される絶縁方式を大別し，それぞれの概要を述べる．また絶縁物の特性として，絶縁耐力など最も重要な電気的特性を中心に説明する．

10.1 はじめに

電気エネルギーをできるだけ多量に送ろうとすると，電圧と電流のどちらかを大きくする必要がある．4章に述べたように，送電線の電流容量は時代とともに著しく大きくなったが，損失，安定度，短絡容量などの制約から，むやみに電流を大きくすることはできない．そこで送電電圧を高くしていわゆる高電圧送電を行うが，このとき送電線やその他の高電圧電力機器の絶縁が問題になり，適切な絶縁設計が必要になる．絶縁設計には，図 10.1 に示すように，機器に印加されるあるいは侵入するさまざまな電圧と，その電圧に耐える（機器の）絶縁物の特性の 2 通りの知識が必要である．またこれらに伴って，侵入する過電圧を下げるための避雷器など対策の理解も重要である．

図 10.1 絶縁設計の基本的構成

10.2 過電圧

10.2.1 過電圧の種類

電力系統の電圧は勝手な値でなく，飛び飛びのいくつかの値に限られていることを 4.2 節に述べた．また送電線の電圧を代表的に表す値として公称電圧，付随して最高電圧があることも述べた．表 4.1 はわが国の系統における公称電圧と最高電圧の一覧表で，これ以外の電圧を電力系統で用いることはない．

最高電圧は正常な運転状態に発生する最高の電圧で，この値を U_m とすると U_m を超える電圧を過電圧（overvoltage）という．過電圧は異常電圧と呼ぶこともある．U_m は線間電圧を意味するので，大地に対する絶縁（対地絶縁）では過電圧は $U_m/\sqrt{3}\,(=0.58U_m)$ を超える電圧である．また波高値ではそれぞれ $\sqrt{2}$ 倍になる．

過電圧には次の種類がある．

(a) 雷過電圧
(b) 開閉過電圧
(c) 短時間過電圧（接続性過電圧，あるいは商用周波過電圧）

送配電線路，変電所，開閉所の過電圧は，発生箇所から線路を経由して進行していくため，しばしばサージと呼ばれる．サージは波，うねりの意味で，雷サージ（lightning surge），開閉サージ（switching surge）などという．このように電力系統で発生する過電圧をサージと呼ぶのに対し，同じ波形でも高電圧試験に使用する人工的な電圧波形はインパルスと呼ぶ．また，雷過電圧は雷放電によって発生し，他の過電圧は電力系統内で生じる点から，後者を内雷あるいは内部異常電圧などと呼ぶこともある．インパルスは通常単極性（正または負）で，早い立ち上りの波頭部分とその後に続く波尾部分から成る波形である．それぞれの時間を波頭長，波尾長（波高値の 1/2 までの時間）と呼ぶ．

10.2.2 耐電圧試験

電力機器や電力設備が使用中の過電圧や常規（使用）電圧の長時間の印加ストレスに耐えることを検証するために，絶縁耐力試験の種類と試験電圧，試験

表10.1 耐電圧試験電圧値（JEC-0102-1994 による）

公称電圧 kV	試験電圧値 kV		
	雷インパルス耐電圧試験	短時間商用周波耐電圧試験（実効値）	長時間商用周波耐電圧試験（実効値）
3.3	30	10	―
	45	16	
6.6	45	16	―
	60	22	
11	75	28	―
	90		
22	100	50	―
	125		
	150		
33	150	70	―
	170		
	200		
66	350	140	―
77	400	160	―
110	550	230	―
154	750	325	―
187	650	―	170-225-170
	750		
220	750	―	200-265-200
	900		
275	950	―	250-330-250
	1,050		
500	1,300	―	475-635-475
	1,425		
	1,550		
	1,800		

条件が定められている．表10.1は，公称電圧に対応した機器の対地試験電圧の値を示したものである．1つの公称電圧に対して雷インパルス試験電圧値が複数あるのは，設置されている避雷器の性能（保護性能）や設計条件の違いによるもので，高性能の避雷器ほど試験電圧値は低くなる．

試験条件も規定されていてインパルス耐電圧試験では正負のインパルスを各3回印加する．また商用周波耐電圧試験の短時間とは1分間を意味する．公称電圧187 kV以上で，長時間商用周波耐電圧試験に3種類の電圧が与えられているのは，長時間-短時間（1分）-長時間と3段階で電圧を印加することを意味する．長時間部の印加時間は試験する機器によって異なるが，30分〜1時間程度である．商用周波耐電圧試験は，長期にわたって印加される常規電圧に耐えること（いわゆる寿命）と短時間過電圧に対する検証を目的とし，長時間部では部分放電の測定を行う．

以前の規格では開閉インパルス試験が規定されていた（公称電圧500 kVの試験電圧は1,175 kV）が，表10.1（1994年）では除かれている．これは高性能避雷器の効果で開閉過電圧がより低い値となり，雷インパルスあるいは商用周波数の耐電圧試験で検証できると考えられたためである．ただし開閉インパルス耐電圧試験が必要な場合の試験電圧値も公称電圧187 kV以上で与えられている．たとえば500 kVの試験電圧値は1,050 kVで，以前の1,175 kVよりかなり低くなっている．

10.2.3 雷過電圧

主に落雷によって発生する過電圧であるが，屋外の送配電線で生じ，線路に沿って進行して変電所，開閉所の機器，あるいは配電線の機材の絶縁を脅かす．雷過電圧は一般に波頭長が$0.1 \sim 20\,\mu s$，波尾長が$300\,\mu s$以下の単極性の波形である．雷過電圧は次のように分類されている．

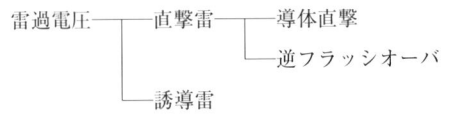

```
雷過電圧 ─┬─ 直撃雷 ─┬─ 導体直撃
         │         └─ 逆フラッシオーバ
         └─ 誘導雷
```

直撃雷は送配電線に直接落雷した場合であるが，文字どおり高電圧の導体への落雷が導体直撃である．ただし配電分野では，しばしば直撃雷に逆フラッシ

10.2 過電圧

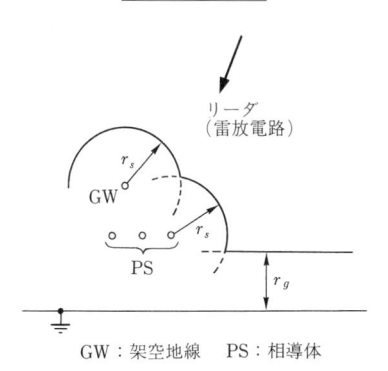

図 10.2 送電線への落雷
GW：架空地線　PS：相導体

オーバを含めず導体直撃だけを意味する．

4.3 節に述べたように送電線は通常三相の導体の上に架空地線を張って，導体に直接落雷することを防いでいるがこれを雷遮へいという．架空地線ではなく導体に落雷するのが遮へい失敗すなわち導体直撃である．図 10.2 のように雷雲から雷放電（放電路をリーダと呼ぶ）が大地に接近し，架空地線（GW），相導体（PS），大地のどれかに落雷するとする．図では説明のために三相の導体を 1 回線の横配列としている．雷遮へいには過去さまざまな理論が提案されているが，現在送電線の耐雷設計に一般的に用いられている Armstrong-Whitehead (A-W) 理論では，図のように直線的に近づいたリーダが r_s の距離に至ったとき，架空地線と相導体の近い方に（r_g では大地に）落雷する．r_s は雷撃電流 I_0 （落雷の電流は大地のインピーダンスで変わるが，抵抗 0 の大地に落雷したとき流れるはずの電流を雷撃電流と定義している）と次の関係があると仮定されている．

$$r_s = K I_0^s \tag{10.1}$$

r_s の単位は m，I_0 は kA で，定数 K，s はたとえば $K = 6.72$，$s = 0.6$ である．図からわかるように r_s が小さいほど遮へい失敗が起こりやすいが，式 (10.1) は I_0 の小さいほど r_s が小さいことを意味している．しかし I_0 が十分小さければ導体直撃を生じても発生する雷サージ電圧が低く，機器の絶縁破壊に至らない．

したがって絶縁設計上問題にされるのは導体直撃よりも，むしろ鉄塔や架空地線に落雷して生じる逆フラッシオーバ（back flashover）である．逆フラッシ

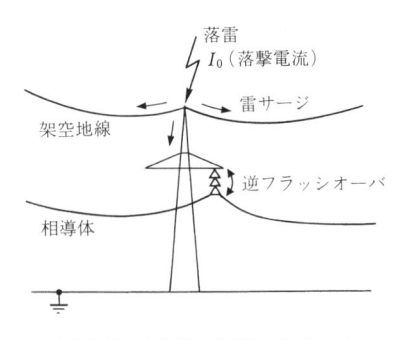

図 10.3 （鉄塔）逆フラッシオーバ

オーバは逆閃絡ともいい，図 10.3 のように落雷によって鉄塔を流れる電流が相導体との間に大きな電位差を生じ，支持がいしの表面（実際はアークホーン間，図 4.8 参照）でフラッシオーバを生じることである．鉄塔に落雷した場合の過電圧の状況は，雷放電路を適当なインピーダンス（雷道インピーダンス）の線路とみなし，架空地線，鉄塔のサージインピーダンスで構成される分布定数回路の進行波計算で求める．現在変電所の機器も含めて複雑な電力系統の雷サージ計算を行う進行波回路のプログラムとして，EMTP（electromagnetic transients program）と呼ばれるプログラムが米国で開発され世界中で使用されている（進行波の回路については付録 3 参照）．

　一方誘導雷は，落雷の電流が直接送配電線路に侵入するのでなく，近傍の落雷が電気的結合によって起こす過電圧である．誘導雷の発生メカニズムとして，以前は雷雲の電荷によって線路に静電的に誘導されていた電荷が落雷によって拘束を解かれて発生する電圧，雷放電のリーダがステップ的に大地に接近する際の急激な電荷の移動で生じる誘導（prestrike 理論）なども考えられた．しかし，最近は雷放電の主放電（落雷のリターンストローク）時の電荷の移動による静電誘導と大電流による電磁誘導が誘導雷の主な要因と考えられている．送電線では耐雷設計の対象は直撃雷で，特に逆フラッシオーバであるが，20 kV 以下の配電線では雷による絶縁事故の大半は誘導雷によると考えられている．

10.2.4　開閉過電圧

遮断器や断路器を開閉したときに発生する過電圧である．遮断器の開閉によ

10.2 過電圧

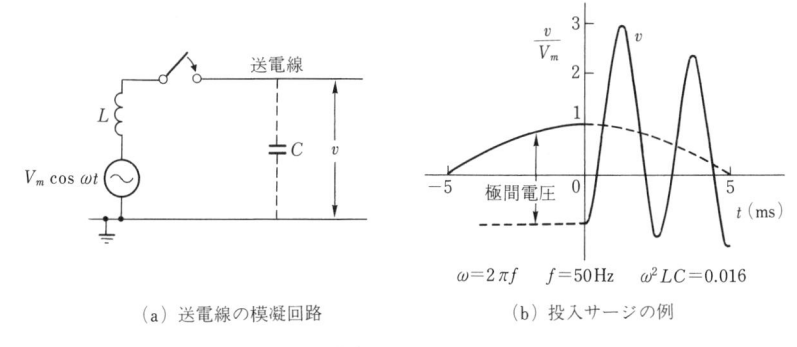

図 10.4 無負荷送電線の投入サージ

(a) 送電線の模擬回路
(b) 投入サージの例　$\omega = 2\pi f$　$f = 50\,\text{Hz}$　$\omega^2 LC = 0.016$

る過電圧は雷過電圧より持続時間が長く，一般に波頭長が $20 \sim 500\,\mu\text{s}$，波尾長が $20\,\text{ms}$ 以下の波形である．しかし GIS（ガス絶縁開閉装置）断路器の開閉時に発生する過電圧は後に述べるように持続時間がはるかに短い．

　無負荷と見なされる送電線に遮断器を投入して電圧を印加したときの過電圧は，図 10.4(a) のような簡単な模擬回路で考えることができる．送電線を静電容量 C で表し，$t = 0$ で送電線の対地電圧を V_0 とする．交流電圧 $V_m \cos \omega t$ が印加（電圧波高点で印加）されると送電線の電圧 v は次式で与えられる．

$$v = \left(V_0 - \frac{V_m}{1 - \omega^2 LC}\right) \cos \frac{t}{\sqrt{LC}} + \frac{V_m}{1 - \omega^2 LC} \cos \omega t \tag{10.2}$$

$\omega^2 LC \ll 1$ のとき，この式は，電源電圧に角周波数 $1/\sqrt{LC}$ で振動する差電圧 $(V_0 - V_m)$ が重畳した電圧を示している．したがって，$V_0 = 0$ なら過電圧は電源電圧波高値 V_m のたかだか 2 倍である．これに対し，$V_0 = -V_m$ のときは $1/\sqrt{LC}$ が ω（$= 2\pi f$：f は電源周波数）よりかなり大きいとして図 (b) のように約 3 倍になる．V_0 は送電線の残留電圧を意味し，遮断器が動作して送電線を電源から切り離したとき，逆極性の波高値で切れれば $-V_m$ の電圧が残留することになる．

　5.4 節で述べたように，高電圧の電力用遮断器は高速動作によって電流が切れた後に極間（接点間）の絶縁破壊（再点弧あるいは再発弧）が生じないようになっている．これに対し，断路器は開閉の動作が遅いために開閉のたびに極間で再点弧が繰り返される．GIS 断路器で発生する過電圧を断路器開閉過電圧

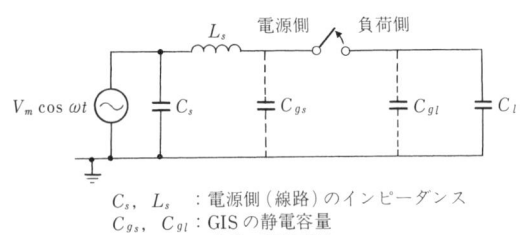

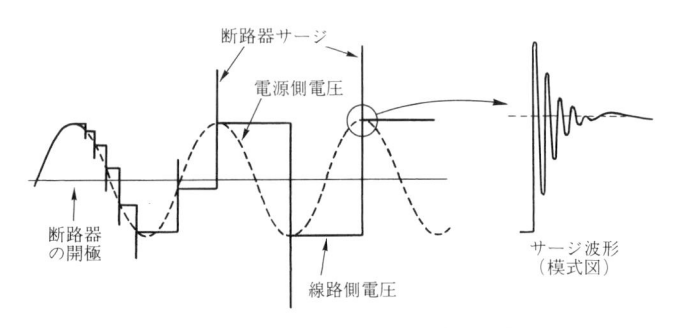

図 10.5 中:

C_s, L_s ：電源側（線路）のインピーダンス
C_{gs}, C_{gl} ：GIS の静電容量
C_l ：負荷の静電容量

図 10.5 GIS の断路器サージ（再点弧現象）

（しばしば断路器サージともいう）と呼び，一般に波頭長は $0.1\mu s$ 以下と著しく短く，持続時間が 3 ms 未満の波形である．

図 10.4(a) の模擬回路の遮断器を断路器と考えると，投入時の過渡的な放電によって送電線（負荷側）電圧は電源電圧に充電される．SF_6 ガスは絶縁回復能力が優れているため，充電後に放電が消滅するとすぐに接点間の絶縁が回復する．次に極間（断路器接点間）の電圧差（電源電圧と負荷側の残留電圧との差）が火花電圧に達すると再点弧火花が生じ，この過程が繰り返される．断路器を開く場合（開極時）も同様で，図 10.5 は電源側電圧と線路側（あるいは負荷側）電圧との差によって火花放電が生じ，開極後のサージ（再点弧火花）が繰り返し発生する状況を示したものである．過電圧の最大は，先に述べたように残留電圧が波高値 V_m で次の再点弧が逆極性の波高値 $-V_m$ で起こったときになり，約 $3V_m$ となる．

過電圧の大きさは過電圧倍数（系統の最高電圧を U_m とすると $\sqrt{2}U_m/\sqrt{3} \simeq 0.8U_m$ に対する比）で表される．遮断器投入時の過電圧倍数は，66 ～ 154 kV で 3.3，187 ～ 275 kV で 2.8，500 kV 系統では 2.0 で，電力系統の電圧が高く

なると倍数は低くなる．

10.2.5 短時間過電圧

過電圧の中では最も持続時間が長く持続性過電圧ともいう．短時間は常規電圧の継続時間に比べて短いことを意味しており，通常は数 ms から数秒である．短時間過電圧は，フェランチ効果，一線地絡，負荷遮断などによって発生する．フェランチ効果は，送電線の静電容量 C と線路のインダクタンス L との共振現象である．図 10.4 で，送電線の電圧が定常状態では電源電圧 V_m の $1/(1-\omega^2 LC)$ 倍となる効果である．500 kV 系統で数%程度である．

一線地絡は送電線の故障計算でおなじみのものである．有効接地系（過電圧の定常分を抑制するような中性点接地方式）か非有効接地系かで，一線地絡時の過電圧は決定的に相違する．故障点から見た系統のインピーダンスが大きい非有効接地系では，電圧上昇は $\sqrt{3}$ 倍になる．有効接地系で適切なインピーダンスの場合は 1.3〜1.4 倍である．代表的な値は 275 kV，500 kV 系でそれぞれ 1.3 倍，1.23 倍であるが，UHV 系統ではさらに低く 1.16 倍である．

負荷遮断は事故などで遮断器を開放したとき，発電機の機械的入力が過剰となって起電力が増大するために発生する．負荷遮断による過電圧は遮断器の動作時間によって相当に変わるが，代表的な値は（発電機側を 0.2 秒以内に切り離した場合），275 kV，500 kV 系でそれぞれ 1.47 倍，1.35 倍である．負荷遮断と一線地絡が同時に起こると両方の効果が重畳されて大きな過電圧になることに注意が必要である．

10.3 絶縁方式と絶縁物

10.3.1 絶縁方式の分類

送配電線で電気を送る通路は導体であるが，この電気が逃げてしまわないように，具体的には大地や他の導体に流れないようにするのが絶縁物である．気体，液体，固体などさまざまな絶縁物が用いられるが，絶縁の構成や絶縁物の種類を分類して絶縁方式あるいは絶縁形態などという．絶縁物や絶縁方式は次のように 6 種類に分けるとよい．

(a) 大気圧空気：気中絶縁と呼ぶ．
(b) 大気圧空気以外の気体，たいていはSF_6（六フッ化硫黄）ガス，まれに窒素，フロンや混合ガスも用いられる：気体絶縁あるいはガス絶縁
(c) 液体，ほとんどの場合油（絶縁油）：液体絶縁，油（入）絶縁
(d) 固体絶縁物，磁器，ガラス，ゴム，ポリエチレンなど各種のプラスチック：固体絶縁，プラスチック絶縁など
(e) 真空：真空絶縁
(f) 複合絶縁，油浸紙（油と紙の組合せ），ガスとプラスチックの組合せ：油浸絶縁，ガスプラスチック絶縁

　大気圧空気はもちろん気体であるが，他の気体とは別に分類している理由は，容器に入れる必要がない（開放形）ためである．そのために安価ではあるが，雨，霧，雪などの気象条件のほか気圧，湿度，塵埃など大気状態の影響を受ける．またガス圧力（気圧）を自由に変えることもできない．

　油は変圧器，ケーブル，コンデンサ，開閉装置の絶縁に使用されるが，SF_6と違って油が単独で使用されることは少ない．ほとんどは紙（あるいはプラスチックフィルム）に油を含浸する油浸絶縁であるが，油絶縁，油入絶縁とも呼ばれる．油浸絶縁方式には2通りあり，ケーブルやコンデンサでは，紙の絶縁が基本で，絶縁油の役割は紙の中のボイド（気体空隙）や層間のギャップを埋めてそこでの部分放電を抑制することである．一方，変圧器では油の絶縁耐力が基本で，絶縁紙は油ギャップを細分割する（ギャップ長が小さいほど放電開始電界が高い）とともに不純物に対するバリヤ（障壁）の役目を果たしている．

　上に挙げた絶縁物は本質的に絶縁の目的で用いられる場合と，他の用途で使用されるために絶縁性能が要求される場合とがある．後者の例は加速器や遮断器に用いられる真空である．水も誘電率が高いために高誘電率の液体として実験に用いられることがあるが，蒸留水をさらに脱イオン化して絶縁抵抗を高くするなどの処理が必要で，それでも過渡的な短時間の印加電圧にしか用いることができない．

　また，大気，気体，液体，真空による絶縁では，これらの絶縁物だけでは絶縁が成り立たない．常に高電圧部分（電力機器ではしばしば導体と呼ぶ）を支

持するための固体絶縁物が必要である．このとき固体絶縁物そのもの（内部）の絶縁性能と表面の絶縁性能（沿面絶縁）が問題になる．次項に述べるように，通常は固体内部の絶縁耐力は周辺の絶縁物より高いが，沿面の絶縁は固体絶縁物がないときよりも低くなり，絶縁系全体の弱点になりやすい．そのため，大気，気体，液体，真空のすべてにおいて，固体絶縁物の沿面絶縁性能はときには絶縁設計の支配的な問題になる．

10.3.2 絶縁物の電気的特性

絶縁物を用いるときは種々の特性を考慮しなければいけないが，最も基本的なのはもちろん電気的特性，特に絶縁特性である．このとき2種類の特性が考慮の対象となる．1つは，保持しうる電圧の高さ，換言すると電気的に破壊する値，いわゆる絶縁破壊（電圧）特性あるいは簡単に絶縁耐力と呼ばれる値である．他の1つは絶縁破壊より低い電圧における漏れ電流（ろうえい電流あるいはリーク電流）の特性である．大気は平等電界での絶縁耐力はあまり高くないが，長ギャップ（電極間距離が大きい場合）の不平等電界の絶縁耐力が高く，また液体，固体に比べると漏れ電流の点で大変に優れている．身のまわりにあるため絶縁物と意識されないが，大気中の送電線や配電線で電気を送り，家庭の電気製品まで安心して使えるのも大気が優れた絶縁物であるおかげである．ただし湿気が高くなると，大気絶縁でかならず必要な固体絶縁物表面の絶縁抵抗が低下して漏れ電流が増加する．

絶縁物の絶縁耐力は，電極（あるいは絶縁ギャップ）の配置・構成によって決定的に相違する．電極の配置は，基本的に平等電界と不平等電界に分けられ，放電の形態と表 10.2 のような関係にある．この表で暗流というのは自続性の

表 10.2 電極配置と放電の形態（気体）

	印加電圧（電界の）増加
平等電界 準平等電界	暗流→火花放電（スパークオーバ）
不平等電界	暗流→コロナ放電→火花放電
（長ギャップ	コロナ→リーダ→火花放電）

ない(外部からの作用で電荷を供給しないと電流が持続しない)範囲のごく微弱な電流である．絶縁物(この場合は気体)に印加した電圧を高くすると，ある電圧で放電が発生するが，その電圧で絶縁空間全体が絶縁破壊に至って短絡状態になるとは限らない．平等電界は放電が直ちに全経路の絶縁破壊(火花あるいは火花放電，スパークオーバともいう)となる場合である．これに対し不平等電界は針からの放電のように，まずコロナ放電と呼ぶ局所的な絶縁破壊を経て火花放電を生じる場合である．コロナを経由しない火花は，ギャップ空間の電界分布が一様に近い場合に起こるが，空間の大部分が一様な電界を平等電界，いくらか不平等な場合を準平等電界と呼んでさらに区別することもある．絶縁物中(あるいはギャップ間)の最大電界がある値に達したとき，放電，すなわちコロナあるいは(コロナを経由しないときの)火花放電が起こることを放電開始の最大電界依存性という．

10.3.3 気体の絶縁破壊特性

大気の平等電界での放電開始電界，すなわち火花放電開始の電界 E_d は次式で与えられる．

$$E_d = 24.0\delta(1 + 0.328/\sqrt{\delta d}) \quad (\text{kV/cm}) \qquad (10.3)$$

ここで δ は相対空気密度(20°C，1気圧の空気密度を1とした値)，d はギャップ長 (cm) である．$\delta = 1$，$d = 1$ のとき $E_d \fallingdotseq 32\,\text{kV/cm}$ なので，しばしば $30\,\text{kV/cm}$ が大気の放電開始電界の代表値として用いられている．一方，大気中不平等電界では，火花電圧はギャップ間の距離(ギャップ長)に支配される．すなわち，最大電界依存性ではなくギャップ長依存性を示し，平均電界が絶縁特性を与える．表 10.3 に大気中ギャップの火花放電時の平均電界の代表値を

表 10.3 大気の火花放電の電界

(ギャップ間の平均電界；kV/cm)

平等電界	30
数 10cm までの不平等電界	5
数 m の長ギャップ(開閉インパルス)	3 程度
落雷(雷雲・大地間)	0.5～1 程度

示すが，ギャップ長（絶縁距離）が大きいほど，平均電界は低下する．

大気以外の絶縁物は基本的に平等電界（あるいは準平等電界）の配置で用いられることが多く，火花電圧も多くの場合最大電界で支配される．SF_6 ガスの場合，放電開始電界 E_d はガス圧 P に依存して

$$E_d = 880P \text{ (kV/cm)}, \quad P : \text{MPa}$$
$$\text{または} = 89P \text{ (kV/cm)}, \quad P : \text{気圧} \tag{10.4}$$

で与えられる．したがって E_d は大気圧では空気と比べて約 3 倍高く，ガス圧とともに上昇する．ただし，電極の表面粗さや印加電圧波形に依存するが，ガス圧が高くなると式 (10.4) の値より低くなる．

10.3.4　その他の絶縁物の絶縁耐力

絶縁に用いられる液体絶縁物はもっぱら天然あるいは人造の絶縁油で，用途によって変圧器油，コンデンサ油などと呼ばれる．実用の絶縁油には多数の不純物が含まれ，これらの不純物が弱点となって絶縁破壊を生じると考えられている（弱点破壊理論）．印加電圧波形や油中不純物の量によって破壊電界は著しく変わるが，交流の波高値で $100 \sim 200 \text{ kV/cm}$ のオーダである．図 10.6 に他の代表的な絶縁物とともに高真空の破壊電圧対ギャップ長の特性を示すが，ギャップ長に対して顕著な飽和性を示す．すなわち絶縁破壊電圧 V_d とギャッ

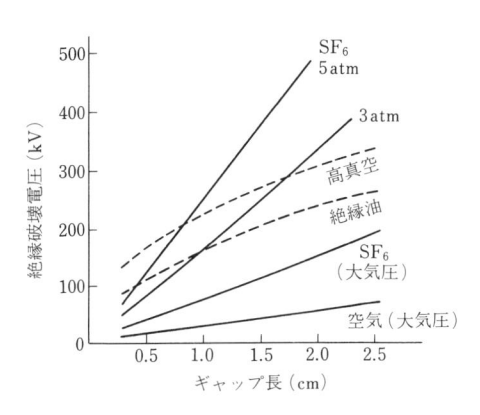

図 10.6　絶縁耐力の比較（平等電界，交流波高値）

プ長 d との関係は

$$V_d = Ad^n \tag{10.5}$$

と表され（A は定数），$n = 0.4 \sim 0.7$ である．

　固体の理想的な状態における絶縁破壊の電界は，気体，液体よりも高い．およその目安として，大気，液体（油），固体の平等電界の破壊電界は 1 対 10 対 100 で，固体は MV/cm のオーダに達する．しかし，このような高い固有の (intrinsic) 絶縁耐力を実用機器で実現して活用するのは難しい．固体内部の微少なボイド（空隙）あるいは周辺の気体や液体の絶縁物との境界面での電界上昇と放電（部分放電という）によって，通常ははるかに低い電界で絶縁が破壊してしまう．固体においても絶縁破壊電圧 V_d と厚み d について，式 (10.5) が当てはまり，$n = 0.3 \sim 1.0$ の範囲である．$n = 1.0$ は V_d/d，すなわち破壊時の電界が一定であることを意味する．ボイドのない固体で，周辺の絶縁物での部分放電を抑制するなどすれば $n = 1$ に近づけることができる．

　固体の例として，ポリエチレンだけで絶縁する CV ケーブル（4.5.2 項）の場合，交流の使用電界（実効値の最大）は約 150 kV/cm，インパルスの設計電界（絶縁部分の平均値）は約 800 kV/cm である．一方，電力用コンデンサでは，油浸構造のフィルムであるが，交流実効値で 500 kV/cm 以上の設計電界に達するものがある．

10.4　絶縁物の選択

　絶縁物を実際に使用するには，電気的特性を含めてさまざまな性能（特性）を考慮しなければいけない．逆にいえば使用目的に応じて総合的性能の最も優れているものが使用される．

　(a) 電気的特性：10.3.2 項に述べたように，各種の電圧に対する絶縁耐力と使用時における漏れ電流の 2 つがある．前者の絶縁耐力は比較的短時間の各種の過電圧に対する特性と長時間印加される常規電圧に対する耐電圧特性の両方を考慮する必要がある．長時間の特性はしばしば寿命と呼ばれ使用中に劣化が進むような絶縁物の場合に特に重要である．また漏れ特性は固体絶縁物そのものの特性より表面の湿気などによる変化（絶縁抵抗あるいは漏れ抵抗の低下）

が問題になることが多い．

(b) 機械的特性：固体絶縁物（あるいは固体を使用する複合絶縁）が考慮の対象になる．高電圧導体の支持（場合によっては固定）の役目を担うので，圧縮，引張り，曲げなどの機械的強度が必要である．耐震性能や短絡時の大電流による電磁力に対する強度，場合によっては弾性強度なども要求される．

(c) 熱的特性：絶縁物そのものの発熱（誘電体損）と各種の発熱作用に対する放熱（冷却）特性と耐熱特性が問題になる．発熱は機器内部で生じるものと日照などの外的要因によるものとがある．前者は導体電流（時には接地容器の電流も寄与する）による損失，誘電体損による発熱である．さらに温度変化で生ずる熱ストレス，膨張，収縮なども考慮しなければいけない．不燃性，難燃性も重要な要素である．

(d) 化学的特性：多くの場合無毒無害な材料であることが必要である．このとき絶縁物そのものの特性と使用中に発生する物質の両方が問題になる．後者の例は遮断器，断路器などの放電で生じる分解生成物の有毒性や他の構成機器に対する有害性である．また開放状態，特に屋外で使用される固体絶縁物の耐候性や材料劣化の問題もある．固体絶縁物にはさらに，表面での部分放電による劣化（トラッキング），内部のボイド内の部分放電による材料劣化も重要な検討事項である．

(e) その他：必要な形状に容易に成形，加工できるか（加工性），取扱いの容易さ，重量，経済性などがある．経済性は製品あるいは材料の価格だけでなく，廃棄時のリサイクル，リユースによる収益，廃棄に要するコストも含めなければいけない．

表10.4に5種類の絶縁物について特性の比較を示す．各種の特性は使用状況にも依存するので大まかなランク付けである．また5.4節に述べた消弧特性の項も加えた．この表には含めていないが，加工性や価格の優劣もあり，いずれにしてもすべての特性が優れている絶縁物は存在しないので，用途，使用状況に応じて適切な絶縁物を選ばなければいけない．

表 10.4 絶縁物の特性の比較

絶縁物の種類	大気	気体	液体	固体	真空
代表例	大気	SF_6	絶縁油	エポキシ	真空
絶縁耐力	△	○	○	◎	○
機械的強度	—	—	—	◎	—
冷却（放熱）特性	○	○	◎	×	△
消弧特性	×	◎	○	×	◎

◎：特に良い，○：良い，△：あまり良くない，×：不良
—：固体の支持絶縁物に依存

演 習

10.1 公称電圧 154 kV, 275 kV, 500 kV の系統について，表 10.1 の試験電圧値と表 4.1 の最高電圧を比較せよ．

10.2 図 10.3 のように鉄塔に落雷したときの発生電圧を分布定数回路の進行波として考察せよ．落雷は雷道インピーダンス Z_0 の雷放電路（雷道）を電流 $I_0/2$ の電流波と $Z_0 I_0/2$ の電圧波が進行してくると考える．I_0 は 10.2.3 項に述べたように抵抗 0 の大地に落雷したときの電流（雷撃電流）である（進行波の回路については付録 3 参照のこと）．

10.3 前問において，雷撃電流が 50 kA のときの鉄塔電位上昇値を求めよ．ただし，$Z_0 = 400\Omega$，鉄塔，架空地線のサージインピーダンスをそれぞれ 100Ω，400Ω とする．これらのインピーダンスで支配的なものはどれか．

10.4 公称電圧 187 kV, 275 kV, 500 kV で対地開閉インパルス耐電圧試験を行う場合，試験電圧値は，それぞれ 450, 750, 1,050 kV である．この値と 10.2.4 項に与えられている過電圧値とを比較せよ．

10.5 前問の 275, 500 kV の系統で商用周波耐電圧試験電圧と短時間過電圧の値を比較せよ．

10.6 大気の絶縁物としての特徴を SF_6 ガスと比較せよ．

10.7 固体そのものの絶縁破壊よりも内部の空隙（ボイド）の部分放電の方が起こりやすい理由を説明せよ．

10.8 図 10.6 において高真空と絶縁油の絶縁破壊電圧は，ギャップ長に比例せず飽和特性を示している．この特性が式 (10.5) で表されるとして n の値を求めよ．またこの特性から絶縁油と高真空の絶縁破壊電圧が等しいギャップ長はいくらになるか．

10.9 適切な絶縁物を選択する際に考慮すべき特性を述べよ．

11

電力工学と環境

環境問題は古くから存在していたが，最近その重要性が非常に高くなっている．広域の，特にグローバルな環境問題が設備や機器の成否を支配する状況が生じている．本章では，このような状況を背景に，まず電力分野の環境問題を分類して概観し，そのあといくつかの重要なテーマを取り上げて説明する．最後に環境対策に利用されている電気技術に触れる．

11.1 はじめに

現代生活は電気なしには成り立たないが，一方電気あるいは電力と生活との関わりがさまざまな環境問題をもたらしている．工学や技術は自然に存在しないものを持ち込むことによって現代生活を支えており，むしろ生活と関わりの深い工学・技術ほど環境との関わりも大きい．また広がりの大きい基盤的な工学ほど環境問題を引き起こしやすいという両面性を有している．このような場合，工学や技術のもたらす利便性と対比して，人の生活環境と調和しうる設備，製品を用い，環境を乱さない利用状態を維持する必要がある．

電気の発生から輸送，利用に至る広大な分野において，電力工学は電磁環境あるいは電磁界環境と呼ばれる環境を形成するとともに，電磁環境以外のさまざまな一般的環境と関わり合ってきた．これまでにも電力設備や電力機器は種々の環境問題に直面し，設計，製作，利用形態によって対処してきている．最近になって環境あるいは環境対策の重要性が著しく高くなったのは次のような理由が考えられる．第1は，設備や機器の近傍での局所的な環境問題だけでなく，広域的な特に全地球にわたる環境問題が電力分野に直接関わるようになったことである．第2に，特に広域的問題において環境対策が電力関係者だけに

とどまらない，時には政治的な場の問題にもなってきたことである．第3に，これらの総合的結果として，環境問題がしばしば設備や機器の可能性を決定する支配的要素となったことが挙げられる．

11.2 電力分野の環境問題の分類

多種多様な電力設備と電力機器が存在するために，さまざまな環境問題がありうる．まず発生源からは，いわゆる自然環境あるいは天然起源の環境影響と人工起源の電力設備，機器の環境問題がある．後者はさらに，製造，運転，廃棄に関わる問題に分けられる．すなわち次のような分類になる．

(a) 自然現象・自然環境の電力分野への影響
(b) 電力設備・機器の材料・製造に関わる環境問題
(c) 電力設備・機器の運転に関わる問題
　　c-1 発生する電界，磁界によるもの
　　c-2 その他の問題
(d) 電力設備・機器の廃棄に関わる問題

まず自然現象の影響には，発生する電界磁界による電気的影響と屋外の電力機器に及ぼす気象や大気条件の影響があるが，後者についてはここでは触れない．自然現象あるいは天然起源の電界には大気電界，雷現象，摩擦電気などの静電気現象，磁界には地磁気，磁石，落雷時の大電流によって発生する磁界がある．電力分野で特に重要なのは10.2.3項で述べた雷による過電圧（しばしばサージと呼ぶ）による被害とその対策である．中でも落雷はその高電圧と大電流によって，停電，機器の絶縁破壊のみならず，通信障害，電子機器や通信情報機器の損傷をもたらす．雷被害の問題は，現在EMC（electromagnetic compatibility；電磁両立性）と呼ばれる大きな研究分野の主要な研究対象である．ほかに天然起源の電磁界の作用には，必ずしも電力分野ではないが，空電や太陽面の黒点爆発で生じる磁気あらしの作用，東西方向の長距離直流送電線が地磁気を横切ることで発生する直流電流などの問題もある．

設備や機器の材料・製造に関わる環境問題では，構成材料そのものや構成部品の一部に使用される材料が問題になる場合と製造過程で有害な物質を利用あるいは発生する場合がある．前者で最も深刻な例は，1950年代初めより約20

年間コンデンサや変圧器の絶縁に用いられた PCB（ポリ塩化ビフェニルまたはジフェニル）である．有毒性のために 1972 年に全面的に使用が禁止されたが，安定なおかげでいまだに消滅処理が終了していない．電力機器の絶縁や消弧に用いられる SF_6 ガスの環境問題については 11.5.4 項で述べる．

また機器の製造過程における問題では，水銀，カドミウム，鉛などの有毒な材料を使用する場合がその例である．たとえば，配線の接合にこれまでは鉛を含むハンダを使用しているが，鉛なしの材料を開発することが重要な課題になっている．また，素子のプラズマエッチングなどの表面処理や容器の洗浄に使用していたフロン類の一部が，オゾン層保護の目的から使用が禁止されたがこれらはむしろ電子工学分野の問題である．

電力設備，機器の運転による環境影響は，本来の高電圧大電流という性質から生じる問題を 11.3 節で述べる．また火力発電所での化石燃料の燃焼などによる炭酸ガスの地球温暖化問題は 11.5 節にまとめる．

それ以外の運転から生じる問題として，まず大きな設備は存在するだけで景観の阻害，電波障害，風騒音などを生じることがあり，場所によっては環境アセスメントの対象になる．火力発電以外の発電方式でも，原子力発電では温排水の処理，水力発電ではダムによる水資源の変化，風力発電やマイクロガスタービン発電では騒音など，けっして無視できない問題をかかえている．変電機器でも大容量変圧器の騒音やガス遮断器の遮断時に発生する分解ガスの問題があるが，後者は密閉容器内で吸着剤によって除去されるので外部に影響することはない．

設備や機器が寿命に達したときや新しい設備・機器と交換されるときは廃棄の問題が生じる．大形電力設備（施設）のなかで特に重要なのは，これから遭遇する原子力発電所の廃炉とそれに伴って発生する大量の放射性廃棄物の処理処分方法である．しかし，いかに廃棄するかは原子力発電所だけでなくすべての電力設備について今後ますます重要になる問題である．省資源からはリサイクル（不用品，特に材料の新製品への利用）とリユース（既設備への転用）が重要な方向である．電力機器の場合，機器の部品によって大きな差があるが，たとえば変電設備なら平均的なリサイクル率（再利用率）はほぼ80％に達している．100％のリサイクルが理想であるが，現状では再利用の難しい部品，材料

をリサイクルすることが費用増となり，新製品のコストがかえって高くなるので，その調和が難しい．

11.3 電磁界による環境問題

11.3.1 電磁界環境問題の分類

電力設備や機器の電圧，電流が生じる環境問題は次のように分類される．
(a) 直接的作用
　　a-1 接触による作用（感電）
　　a-2 非接触時の作用：静電誘導，電磁誘導
(b) 間接的（二次的）作用
　主に発生したコロナ放電や部分放電による作用
(c) その他の環境影響，健康影響

高電圧送電線の場合，一般に環境影響には電圧，電流によって生じるものと無関係なものとがある．前者の項目を表 11.1 にまとめた．電圧，電流に無関係なものとしては，たとえば送電線や鉄塔の存在がテレビ電波を反射してゴーストを発生させるとか，遮へい効果によって受信電界を低減させるなどのテレビ電波障害がある．また電線やがいしに風が当たって生じる風騒音もその例で，設備の存在によって発生する環境問題である．

表 11.1 送電線の電磁環境問題

交流	静電誘導，電磁誘導，コロナ雑音，コロナ騒音
直流	イオン流帯電，（直流）磁界の発生，コロナ雑音，コロナ騒音

11.3.2 感　　電

感電は人が帯電体に触れて電流が流れる現象で，大きなエネルギーを有する電力分野では常に用心が必要である．電流が人体を流れるときの作用は，電流の増加とともに，感知以下 → 感知 → 2次ショック → 1次ショックと影響のレベルが変化する．感知は電流を感じることを意味し，商用周波数領域での成人男性の感知電流の平均値は約 1 mA である．2次ショックは煩わしさ，刺激，

忌避などの効果を意味し，1次ショックは生理的障害を生じる場合を指す．電流が20 mA程度になると激しい痛みを感じ，筋肉の収縮と呼吸困難が起こる．体質や健康状態によって相違するが50 mAでは相当に危険である．実際には流れる時間にも依存し，商用周波数では人体に危険な電流（心室細動を起こす電流）の最低限界（全体の0.5%の人に生じる値）として，次の式が有名である．

$$I = 116/\sqrt{T} \quad (\text{mA}) \tag{11.1}$$

Tは通電時間（秒）で，この式は0.01〜5秒の範囲に適用される（演習11.2参照）．

11.3.3　交流送電線の環境問題

表11.1の静電誘導は時間的に変動する電圧源が，容量的結合で近くの物体に電圧や電流を生じる誘導である．わが国の交流送電線は人の往来の少ない場所を除いて，高さ1 mの電界が30 V/cm（3 kV/m）以下となるように規制されている．この値は，500 kV送電の開始に当たって静電誘導効果の検討を行い，送電線の下で傘に触れたときの過渡的な放電に対する刺激や気になる程度を調べて決められたものである．30 V/cmは欧米の多くの送電線の70〜150 V/cmに比べると約1/3である．そのためわが国では送電線による静電誘導の苦情はほとんどない．しかし，220 kV以上の送電線の地上高はこの静電誘導の規制値で決定され，一方送電線の建設費はほぼ高さの2乗で高くなるので，建設費に大きな影響を及ぼしている．

送電線の静電誘導作用を低減させるには，高電圧の導体を遠ざける（導体の地上高さを大きくする），2回線縦配列の導体構成で各回線の3相の配列を逆にする（逆相順），導体の下部に遮へい線を設けるなどの方法がある．

交流送電線で大気中の局所的な絶縁破壊であるコロナ放電やがいしなど固体絶縁物が介在して生じた部分放電が二次的な作用を生じる．

(a) コロナ雑音：コロナ放電や部分放電で発生した電磁波がラジオやテレビの雑音となる．高電圧送電線で主に考慮の対象になるのは電線のコロナ放電に起因する雑音で，コロナ雑音と呼ばれる．主として長中短波帯のAMラジオに影響するが，電線に水滴が付くと大きくなるので，降雨量とともに増大する．

コロナ放電は電線表面の電界に支配されるので，表面電界，特に最大の電界値を求めればラジオ雑音の大きさ（レベル）を実験式から推定することができる．コロナ雑音を減らすには電線の表面電界を低くする，すなわち電線を太くするほか，1相の導体（素導体）数を増やす，表面の凹凸を減らすといった方法がある．

(b) コロナ騒音：電線のコロナ放電で生じる可聴（耳に聴こえる）音である．ジリジリあるいはザーザーと聞こえる広い周波数範囲から成る不規則音と，ブーンと聞こえる正弦波音の2種類がある．前者をランダム騒音，後者をコロナハム音と呼ぶ．後者の周波数は電源周波数の2倍（100 Hz または 120 Hz）である．コロナ騒音を減らす方法は基本的にコロナ雑音の対策と同じであるが，コロナ雑音のように電線に沿って伝搬することはないので，人家が近くにある特定の区間だけ対策すればよい．

そのほかに高電圧送電線のコロナ放電によって，酸素分子が分解されてオゾンを生じるという問題もあるが，自然の大気中オゾン濃度 10〜60 ppb（1 ppb は 10^9 分の 1）に比べて問題にならない量である．500 kV 送電線の試算例によると，導体での放電による地表オゾン濃度は降雨時でも 0.2 ppb 程度である．いずれにしても，送電線の建設計画，設計では，表 11.1 のような項目について予測計算を行い，必要なら環境に影響を及ぼさないような対策が講じられる．

11.3.4 直流送電線の環境問題

直流送電線の環境影響項目は交流送電線と共通するものとまったく異なるものとがある．たとえば，コロナ騒音は主として正極性の電線から発生するが，交流送電線のランダム騒音と似た周波数スペクトルをもつ．コロナハム音は存在しない．これらの値（コロナ騒音レベル）は，交流送電線では空間電荷の存在しない電線表面の最大電界で評価できるのに対し，直流送電線では直流コロナで生じる空間電荷を含めた電界計算が必要である．

直流送電線には静電誘導の問題はないが，イオンの存在と流れの作用を考慮する必要がある．交流送電線の場合，半サイクルの間に生じたイオンは大部分次の半サイクルで電線に吸収される．残りのイオンは往復運動しながら外側へ広がっていくが，再結合によって減少するので地表に到達するイオンはごくわ

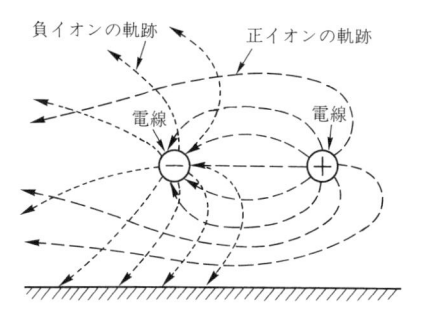

図 11.1 電線からのイオンの挙動の模式図（横方向の風の効果）

ずかである．また，イオンの存在は電界分布にもほとんど影響しない．これに対し直流送電線では，発生したイオンは逆極性の電線あるいは大地へ向かってほぼ電界の方向に移動し，大地に向かうイオンはほとんど消滅しないで地表に達する．このイオンが絶縁された人体や傘に流れ込んでじゅうたんとの摩擦と同じような帯電状態を生じることがある．図 11.1 は正負双極の直流送電線のイオンの挙動をわかりやすく示したものであるが，このようなイオンによる帯電（によるショック）の問題を「イオン流帯電」現象と呼んでいる．

11.4 EMC と EMF（電磁界の健康影響）

11.4.1 EMC

雷による EMC（電磁両立性）の問題は 11.2 節で触れたが，一般的には EMC は「装置またはシステムの存在する環境において，いかなる物に対しても許容できないような電磁妨害を与えず，かつ，その電磁環境において満足に機能するための装置またはシステムの性能」と定義されている．したがってそれぞれの装置は，自分の生じる電磁環境が他の装置に支障を与えないことと，他の装置から生じる電磁環境によって性能を損なわない（イミュニティ）という両面の性能が必要になる．

電気設備ならびに，電気を利用する機器はすべてなんらかの電磁環境を形成し，多かれ少なかれ電磁妨害の発生源となるので EMC は大きな研究分野となっている．特に電力分野は高電圧，大電流と関係が深く，高電圧の生じる放

電, 大電流の磁界がEMCの発生源となる．その例は11.3節の送電線で述べた．

11.4.2　EMFの疫学調査

電磁界が人の健康に影響するのではないかという問題は，EMF (electromagnetic fields) 問題といわれる．EMF問題には1 GHz付近の高周波を用いる携帯電話の影響の問題もあるが，ここでは50, 60 Hzの商用周波数に話を限る．この問題の端緒は500 kV変電所の作業員に健康障害がみられるという1972年に発表された旧ソ連からの論文である．これは主として電界の作用を問題にしたものであるが，その後WHO（世界保健機構）も参加して広汎な研究が行われ，10 kV/mまでの電界なら人に対して制限する必要はないと結論されている．

ところが，1979年にアメリカのデンバー地区について，「配電線の近くに住む子供は白血病による死亡率が高い」という疫学調査の結果が発表され，その後1993年にスウェーデンの研究所の疫学調査でも磁界の強さと小児白血病の関連性を示唆する報告がなされて大きな注目をあびるようになった．その後主なものだけで20件近い疫学調査結果が発表されているが，電界や磁界が小児白血病や脳腫瘍と関連があるとする報告もあれば，関連なしという報告もある．関連があるという報告でも統計の信頼度ぎりぎりの弱い関連という結果がほとんどである．しかし，いずれにしてもこのような疫学調査の結果を背景に多種多様な研究が行われた．

11.4.3　EMFに関わる研究

電磁界の健康影響に関わる研究内容は次のように分類できる．
(a) 人を対象にした研究
　　a-1 疫学調査
　　a-2 ボランティアによる影響研究
(b) 生物学的研究
　　b-1 ねずみなど小動物を用いた影響研究
　　b-2 分子・細胞レベルの影響研究
(c) 電気工学的研究
　　c-1 設備・機器の発生する電磁界，家庭・職場における環境電磁界，人へ

の曝露量の実測，計算

c-2 電磁界による誘導量の解析

分子・細胞レベルの研究では細胞増殖，細胞死，DNAの変化，突然変異，外部刺激の細胞へのシグナル伝達，さらにはメラトニン（松果体から分泌されるホルモン）の分泌量への影響などさまざまな研究が行われた．しかし，疫学調査では家庭内の $0.2 \sim 0.3 \mu T$（$2 \sim 3 mG$）という磁界を境界値として影響のあるなしが評価されているが，今のところ，この100万倍もの高い磁界でも明らかな影響は認められていない．

わが国でも各種の研究が行われているが，1995年12月電気学会に「電磁界生体影響問題調査特別委員会」が設立され，商用周波領域を中心に調査を行った．1998年10月の第I期報告書では，「通常の居住環境における電磁界が人の健康に影響を与えるとはいえない」と結論している．一方，米国では，1992年制定の「エネルギー政策に関する法」に基づいて電磁界影響の研究と広報活動を行う研究プログラムとして，EMF-RAPID (electric and magnetic fields—research and public information dissemination) 計画が1993年から約6年間研究調査を行った．疫学，動物，細胞，工学という4分科会で，約4,100万ドルの予算が注ぎ込まれ，特に過去の生物学的影響の再現性を調べることに重点が置かれた．1999年6月の最終報告書は，「電磁界影響がなんらかの健康リスクを引き起こすことを示す科学的証拠は弱い」としている．

11.4.4 商用周波数電磁界による誘導電流

身のまわりの自然の電磁界として，晴天時の屋外には $80 \sim 200 V/m$ の電界（大気電界）があり，また約 $50 \mu T$ の地磁気が至るところに存在する．この電磁界は時間的にゆっくりとしか変化しない直流であるが，商用周波数の電磁界は時間的変動のために静電誘導や電磁誘導によって人体内に電流を誘導する．国際機関によるガイドラインでも電磁界の規制値や推奨値のもとになっているのは誘導電流密度である．現在数 Hz から 1 kHz までの周波数の誘導電流密度が $10 mA/m^2$ を超えると，人体組織に対して無視できない作用が生じると考えられている．表11.2に，各種の環境における商用周波数の電界，磁界の値とそれによって人体内に誘導される電流密度の概略値を示す．電界の誘導電流密度

表 11.2　各種環境の電磁界による体内誘導電流（50 Hz, 60 Hz）

1. 家庭：$5 \sim 10\,\mathrm{V/m}$, $0.1 \sim 0.3\,\mu\mathrm{T}$
   - $5 \sim 10\,\mathrm{V/m}$ → $2 \sim 5\,\mu\mathrm{A/m^2}$
   - $0.1\,\mu\mathrm{T}$ → $2\,\mu\mathrm{A/m^2}$
   - $0.3\,\mu\mathrm{T}$ → $6\,\mu\mathrm{A/m^2}$
2. 送電線下：$3\,\mathrm{kV/m}$, $10\,\mu\mathrm{T}$
   - $3\,\mathrm{kV/m}$ → $1{,}500\,\mu\mathrm{A/m^2}\,(1.5\,\mathrm{mA/m^2})$
   - $10\,\mu\mathrm{T}$ → $200\,\mu\mathrm{A/m^2}$
3. 交通機関：$1 \sim 15\,\mu\mathrm{T}$
   - $1 \sim 15\,\mu\mathrm{T}$ → $20 \sim 300\,\mu\mathrm{A/m^2}$

は通常足首付近が最も高くなるが，足首についで大きくなる首部分を対象にしている．また，磁界による電流は磁界の方向に対して垂直な面で半径の大きな胴体部分の電流密度が大きくなるが，主に重要な臓器のない体表面を流れるので，表 11.2 は頭部の値をとっている．この表からわかるように，誘導される電流は家庭内よりも交通機関内の方がはるかに大きく，また送電線では磁界より電界の誘導電流の方が何倍も大きい．しかしいずれの環境でも $10\,\mathrm{mA/m^2}$ よりはるかに低い値である．

現在，電界や磁界による誘導電流は数値的な電磁界計算法によって種々のケースが計算されている．ただし，複雑な組織で構成される人体を完全に模擬するのは不可能で，今のところ最も細かくて 2 mm 程度の幅で細分割して計算

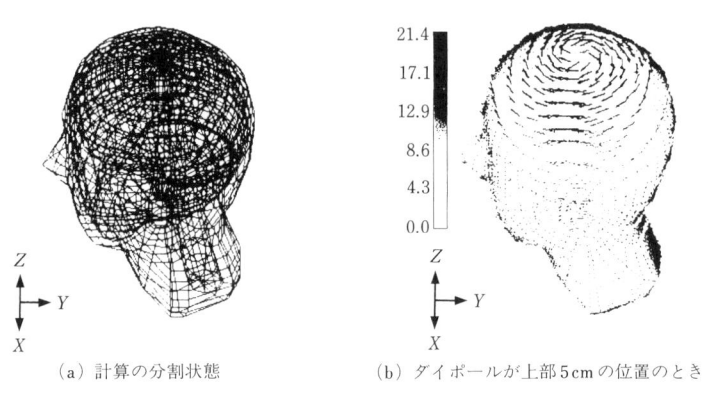

（a）計算の分割状態　　　（b）ダイポールが上部 5 cm の位置のとき

図 11.2　磁気ダイポール（ヘアドライヤ模擬）による頭部表面誘導電流

しているにすぎない．図 11.2 にヘアドライヤの磁界によって頭部に誘導される電流分布の計算例を示す．ヘアドライヤは $10^{-3}\mathrm{m}^3\mu\mathrm{T}$ の磁気モーメントで模擬し，内部は頭蓋骨，脳，背骨を考慮している．頭部の側面から 5cm 離れた位置に置いたときの誘導電流密度の最大値は $35\mu\mathrm{A/m}^2$ である．

11.5 地球温暖化問題

11.5.1 地域環境と地球環境

11.2 節に電力設備・機器と環境との関わりの概要を述べた．主として運転に関わる環境問題として，景観の阻害，騒音，電波障害などのほか，運転に伴って排出される物質による地域環境，地球環境への影響がある．地域環境では化石燃料の燃焼に伴う煤塵，SO_x（硫黄酸化物），NO_x（窒素酸化物）による大気汚染，火力発電所，原子力発電所からの冷却水による水環境の変化などがある．

より広域の地球規模の環境影響で近年大きな問題となったのはオゾン層の破壊と地球温暖化の問題である．前者は，炭素鎖にハロゲンや水素が結合したフロン類のうち，たとえば塩素とフッ素を含む CFC（chloro-fluorocarbon）から塩素が分離して，触媒的な作用で成層圏のオゾンを次々と分解するものである．ハロゲン元素のうちフッ素だけは分離してもすぐフッ化水素に変わるためこの効果を無視できる．電力分野の発送電の設備では，CFC は消火設備や空調機器で使用されていた程度であるから，オゾン層の破壊には直接関係していない．より密接に関係するのは火力発電所における炭酸ガスの排出など温暖化の問題である．

大気中に温暖化（温室効果）ガスが存在しなければ地球の平均気温は $-18°\mathrm{C}$ 程度であるのに，水蒸気や炭酸ガスのおかげで約 $15°\mathrm{C}$ になっていることはよく知られている．これは太陽からの短い波長の光は通過させるのに対し，地球からの放射に含まれる赤外領域の光を吸収して温室効果をもたらしているためである．現在は炭酸ガスよりも水蒸気がこの温暖化の主な役割を担っているが，水蒸気の吸収スペクトルの赤外線はほとんど吸収されていてこれ以上水蒸気が増えても温暖化への寄与は少ないとされている．これに対して炭酸ガスは人間活動による排出で増加する大気中濃度が温暖化に大きな影響を及ぼす．

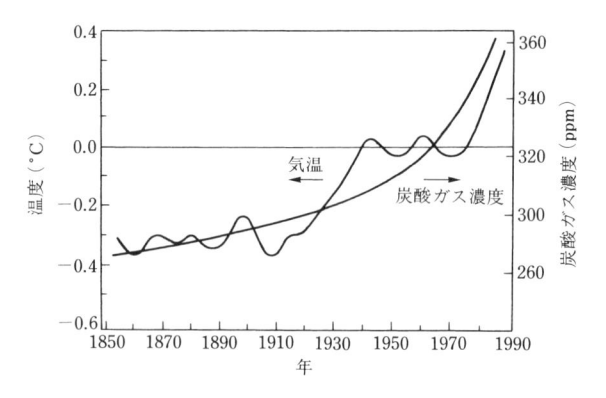

図 11.3 大気中の炭酸ガス濃度と気温の変化
服部ほか：2025 年までの経済社会・エネルギーの
長期展望，電力中央研究所報告 Y99018(2000)

　大気中の炭酸ガスの濃度と北半球の平均気温の変化を図 11.3 に示す．炭酸ガスは産業革命ころまで約 1 万年 280 ppm でほぼ一定していたのに対し，現在およそ 360 ppm にまで増加している．このような急激な増加が続くとすると，炭酸ガスの濃度は今世紀の半ばに 550 ppm に達すると予想されている．気温の方は炭酸ガスほど変化が明確でないが，ここ 100 年でおよそ 0.5°C 上昇したと推測されている．ただし，地球気温は炭酸ガスの変化と必ずしも同期せず，1910 年からの約 30 年と 1970 年から 2000 年までの増加が著しい．

　IPCC（Intergovernmental Panel on Climate Change：気候変動に関する政府間パネル）は 1988 年に設立され，90 年からほぼ 5 年ごとに地球温暖化に関する報告書を作成している．95 年の第 2 次報告書では，2100 年の地球平均気温の上昇を 1～3.5°C，海面水位の上昇を 15～90 cm と予測している．これに対し，2000 年の第 3 次報告書では，世界の発展パターンによって異なり 1.4～5.8°C の範囲を予測している．発展パターンは，年間約 3%の世界経済成長率で主に化石燃料を使用する高成長・化石燃料型から資源を効率良く利用し地球環境を保全する循環型社会の持続発展型まで 6 種類を想定している．また，第 3 次報告書は，「過去 100 年間の温暖化傾向は異常で，自然起源の現象である可能性はきわめて低い」と述べている．

11.5.2 温暖化問題の国際的動向

1988年第1回のIPCC会合によって地球温暖化問題への取組みが始まり，92年の国連地球サミットで，気候変動に関する国連枠組条約UNFCCC（United Nations Framework Convention on Climate Change）に各国が署名し，規制への行動が開始した．その後第1回締約国会議（COP1：Conference of the Parties）が1995年ベルリン，COP2が96年ジュネーブ，COP3が97年12月に京都で開催された．COP3は地球温暖化防止京都会議とも称され，具体的な削減対象ガスと削減目標まで定めた議定書（protocol）を締結した歴史的な会議となった．議定書の概要は次のとおりである．

対象ガス：CO_2，CH_4（メタン），N_2O（亜酸化窒素），HFC（ハイドロフルオロカーボン），PFC（パーフルオロカーボン），SF_6（六フッ化硫黄）

削減目標：1990年（HFC，PFC，SF_6は95年も選択可能）を基準とし，2008～12年の年次に先進国全体で少なくとも5%削減する（日本6%，米国7%，EU8%）．削減目標は炭酸ガスを基準にした総量規制であり，個々のガスについて適用するものではない．

京都会議の後，締約国会議は引き続いてブエノスアイレス，ボン，ハーグ，ボンで開催された．2001年11月にマラケシュ（モロッコ）のCOP7において京都議定書の運用ルールを定めた文書が採択され，やっと議定書発効に進み出した．しかし世界最大の炭酸ガス排出国の米国は批准する見込みがなく，わが国も6%の削減目標が達成できるかどうか危ぶまれている．削減が進まない1つの理由は削減による温暖化抑制効果があまり明確でないことであろう．第1に排出量を1990年レベルに削減したとしても大気中濃度が抑制されるわけではない．第2にIPCCの第2次報告書によると，2100年時点でのこのままの（特に削減対策を講じない場合の）平均気温の上昇が約2.5°Cのとき，大気中濃度を550 ppmに抑制したとしても上昇はわずか0.5°C程度抑制できるにすぎない．2°の上昇と2.5°の上昇に致命的な相違でもない限り，経済成長や開発を犠牲にして550 ppmに安定化する意欲は湧きにくい．むしろ，100年のうちに大気中炭酸ガスの吸収や地球温暖化防止の新技術の開発が期待される．

11.5.3 発電方式と炭酸ガス排出

火力発電所は石炭,石油,天然ガスの燃焼によって多量の炭酸ガスを排出する.したがって地球温暖化の点では明らかに他の発電方式の方が有利で,なかでも天然自然のエネルギー源である再生可能エネルギーが望ましい.しかし,発電システムとしては燃焼だけでなく,設備の製造,保守などさまざまな過程でも排出を考慮しなければいけない.

表 11.3 に各種の発電システムの炭酸ガス排出原単位(発電電力量当たりの炭素重量)の計算例を示す.この計算には燃焼,設備製造,維持保守のほか,石炭や天然ガスの採掘時に漏れるメタンや採掘ガス中に含まれる炭酸ガスなども含まれている.太陽光発電システムは家屋の屋根材の 3 kW 電源と,1000 kW の事業用地上発電設備とに分けてある.この表によると,火力発電所では燃焼による排出が圧倒的に多く,石油火力で 94%,LNG 火力で 77%である.排出原単位が最も少ないのは水力で石油火力の 2.4%,ついで原子力,さらに地熱,風力などの再生可能エネルギーの順である.太陽光発電は水力や風力に比べると 2〜7 倍大きい.

表 11.3 各種発電システムの炭酸ガス排出原単位

(単位:グラム (炭素)/kWh)

発電システム	設備製造	維持保守	燃焼	メタン漏れ	合計
石炭火力	1.09	9.78	246.33	12.69	269.89
石油火力	0.62	7.21	188.41	3.10	200.06
LNG 火力	0.55	24.10	137.27	16.05	177.67
原子力発電	1.00	4.46	—	0.24	5.70
水力発電	4.63	0.07	—	0.11	4.81
地熱発電	1.39	4.63	—	0.27	6.29
風力発電	6.73	2.41	—	0.37	9.51
太陽光(家庭)	11.91	3.57	—	0.53	16.01
太陽光(地上)	26.24	6.82	—	1.25	34.31

(注)内山:発電プラントのエネルギー収支分析と電力部門の CO_2 低減策,電気学会 新・省エネルギー研究会資料,1990 による.

11.5.4 SF_6 の地球温暖化効果

電力分野で地球温暖化に直接関わるのは，化石燃料の燃焼のほかに，絶縁や消弧（遮断）に使用されている SF_6 ガスである．SF_6 は 11.5.2 項に述べたように京都会議において削減対象ガスの1つに指定された．ガスの地球温暖化効果を定量的に示す最も簡単な指標が地球温暖化係数 GWP（global warming potential）である．GWP は対象ガスを一定量（1 kg）放出したときの温暖化への寄与を炭酸ガスに対する比で与える．GWP は温暖化を考慮する期間（年数）に依存するが，評価年数は 100 年をとることが多い．このときの SF_6 の GWP は 23,900 であり，SF_6 1 t を放出することは炭酸ガスを約 24,000 t 放出することに相当する．

SF_6 ガスの全世界での製造量は 1995 年時点で 8,000～9,000 t であり，その時点までは製造量の約 80% が排出されていたと見積もられている．万一今後年 10,000 t の排出が続けば 2100 年では温暖化への寄与が約 0.02°C と予想されている．この値は 10,000 t という多量の排出を想定した場合であり，実際には 2000 年時点で年間の排出量は約 4,000 t に低下したと見積もられている．また，2～6°C と予測されている炭酸ガスの温暖化効果に比べると，年 10,000 t の排出でも 1% 以下であるが，やはり排出量をできるだけ減らすことが望ましい．

わが国の電気設備に関する諸問題の調査研究を行う電気協同研究会では，1996 年に「電力用 SF_6 ガス取扱基準専門委員会」を設立して，わが国の SF_6 ガスの使用状況，分解生成物，リサイクル基準とガスの取扱い方法の3点に関して調査・検討を進めた．調査結果をもとにして，ガス絶縁機器から SF_6 ガスを回収する際の残留ガスをできるだけ減らすためには容器ガス圧（終圧）を表 11.4 の値にすることを提言した．この提言を受けて，電力業界は SF_6 ガス排出量削

表 11.4 電気協同研究会による SF_6 ガスの回収目標

	回収終圧（絶対圧力）
工場内，据付時，点検時	0.015 MPa 以下
撤去時	0.005 MPa 以下

表 11.5 SF_6 の日本での排出量（単位：トン）

	1995	1996	1997	1998	1999	2000
ガス製造時	195	175	110	90	65	70
電力機器製造時	400	420	355	320	175	95
変電所	60	70	75	55	35	20
半導体製造時	65	60	65	65	80	90
その他	0	0	0	0	5	5
排出量合計	720	730	605	535	350	240

減の自主的行動を開始し，結果としてSF_6の排出量は顕著に減少している．すなわち表11.5に示すように，1995年の排出量約720 t（炭酸ガス換算17.2 Mt）が2000年には240 t（5.7 Mt）と1/3に減少した．ただしこの減少はガス製造会社と電力分野における低減によるもので，半導体産業の分野ではこの間の排出量はむしろ増加している．しかし，全体として炭酸ガス換算で約12 Mtの減少は1990年の炭酸ガス排出量約1.1 Gtの1%以上に相当する大成果である．

11.5.5　代替ガスの探索

1970年代から1980年代にかけて，アメリカではSF_6の代わりにガス絶縁に使われるガスを探す研究が大々的に行われたが完全な失敗に終わった．最近になってグローバルな環境影響，すなわち地球温暖化やオゾン層破壊という新しい要素を考慮して代替ガスを探索することが再び開始されている．このときオゾン層保護の点から塩素や臭素を含まないという条件を満たす必要がある．探索は現在も進行中であるが，温暖化にまったく寄与しないガスは今のところ純ガスでは窒素のような通常ガスか不活性ガスしかない．これらのガスは絶縁性能や消弧性能が不十分である．そのため，温暖化効果を低減する目的で，絶縁性能の優れたガスと通常ガスとの混合ガスの利用が検討されている．もっぱら研究されているのはSF_6と窒素との混合ガスである．このような混合ガスは絶縁耐力の高い（電気的）負性ガスのわずかな混入によって絶縁耐力が非線形的に高くなる効果（シナジズム）がある．

しかし，温暖化効果を減らす目的からは，SF_6よりGWPの低いフロンを用いることが考えられる．混合ガスにすると液化温度が低下する効果があるの

表 11.6 いつくかの PFC の絶縁耐力と GWP

	絶対耐力	沸点（°C）	GWP
C_2F_6	0.78	-78	6,200
C_3F_8	0.97	-37	7,000
C_4F_{10}	1.36	-2	
c-C_4F_8	1.25	$-6(-8)$	8,700
SF_6	1	-63(昇華)	23,900

（注 1）絶縁耐力は SF_6 を 1 とした値
（注 2）GWP は評価年数（積分期間）100 年の値

で，液化温度の比較的高いフロンを用いて，SF_6 を用いる場合と同程度の絶縁耐力が可能なら，使用するガスの GWP は対応して低下する．無毒で絶縁耐力の高いいくつかのこのような候補ガスの絶縁耐力，沸点（液化温度），GWP を表 11.6 に示す．C_4F_{10} の GWP は不明であるがたいていの PFC の GWP は 1 万以下である．なお，使用ガスの GWP が低下しても回収時に放出量が増加しては意味がない．混合ガスは回収の際分離して回収するのが困難という問題がある．これに対しては，高分子膜を通過する速度がガスの種類で異なる性質を利用する方法やゼオライトへの吸着分離法などが検討されている．

11.6 環境対策

11.2 節に述べた環境問題にはそれぞれできる限りの対策が講じられている．また許容できる程度を示す規制値も整備されている．たとえば火力発電では硫黄分を含まない燃料である LNG（液化天然ガス），排煙脱硫装置がそれぞれ 1970 年代初めに導入されている．その結果わが国の火力発電所の SO_x，NO_x の排出量原単位（発電電力量当たりの排出量）は，1997 年の値でそれぞれ 0.24，0.33 g/kWh である．これらの値は OECD 先進 6 カ国平均のそれぞれ約 1/20，1/7 である．

発電用排ガスの処理で重要な電気技術は電気集塵装置である．電気集塵装置は 1905 年にカリフォルニア大学のコットレルによって発明されたが，以来各種の工業設備，発電設備の排ガスの除塵，工場，住宅，自動車内の大気の浄化などに広く用いられている．一般に環境対策に用いられる電気機器は，集塵装

表 11.7 環境対策への高電圧，放電の利用

目的	作用	応用例
集塵，浄化	コロナ放電，静電気力	電気集塵装置，空気清浄器，静電ろ過処理
有用物質の生成	コロナ放電	オゾナイザ（負イオン発生装置）
分解，除去，殺菌	コロナ，グロー，アーク放電，火花放電，静電気力，放電衝撃圧力	プラスチック，フロン，NO_xの分解，殺菌，雑草除去

置やオゾナイザ（オゾン発生器）のように直接利用されるものと，大気中汚染物質や炭酸ガスの濃度をレーザで計測する例のように間接的な利用とがある．高電圧や放電を環境対策に用いる例を，表 11.7 に示す．集塵，浄化，オゾンなどの有用物質の生成，有害物質の分解，除去，殺菌などに用いられている．

演 習

11.1 電力機器の材料，製作（製造），運転，廃棄に関する環境問題の例を 1 つずつ挙げよ．

11.2 11.3.2 項の人体の危険な電流の式は体重に比例すると考え，体重 50 kg の人を想定している．体重が 70 kg，18 kg（子供）の人についてそれぞれの式を与えよ．またそれぞれ 3 秒間での値はいくらになるか．

11.3 交流送電線，直流送電線による電界を表す（求める）基本式を考えよ．

11.4 交流送電線の下では導体の地上高が大きければ大地付近では一様電界と見なすことができる．大地上に人が居るときの電界の状態を考察せよ．人を回転だ円体で近似して考えよ．一様な磁界が存在するときはどうか．

11.5 表 11.3 から火力発電所が 1 年間運転したときの炭酸ガスの排出量を求めよ．ただし火力発電所の容量を 100 万 kW，設備利用率を 50 % とする．

11.6 1995 年のわが国の炭酸ガスならびに SF_6 の排出量はそれぞれ約 12.2 億 t (1.22 Gt)，約 720 t である．SF_6 排出量の地球温暖化効果は炭酸ガスに比べてどれくらいか．

11.7 混合ガスを絶縁に用いるときの大きな利点として，11.5.5 項に述べたように，絶縁耐力の高い負性ガスをわずかに混合するだけで絶縁耐力が非線形的に高くなるシナジズム効果がある．このような混合ガスの放電電圧は次の式で表すことができる．

$$V_M = V_2 + \frac{k}{k + C(1-k)}(V_1 - V_2)$$

V_1, V_2, V_M はそれぞれ負性ガス，通常ガス，混合ガスの放電電圧，k は容量混合比（分圧比と同じ），C はガスの組合せに依存する定数である．SF_6 と窒素の場合，$C = 0.08$ として SF_6 が 5, 10, 20% 混合されているときの放電電圧を求めよ．ただし，SF_6 の放電電圧は窒素の 3 倍とする．

12

分散形電源

風力発電や太陽光発電など，変電所や配電系統さらに家庭内配線などに数多く設置される小容量の電源を分散形電源という．地球環境への配慮や経済性の点から近年導入が進められている．本章では，これらの新しい分散形電源について説明する．

12.1 はじめに

分散形電源は発電設備と電力貯蔵設備の2つに大きく分けられる．発電設備には風力発電，太陽光発電のほか，燃料電池，マイクロガスタービン，ディーゼル発電などがある．電力貯蔵設備は，夜間に余剰電力を充電し昼間に放電する設備で，揚水発電と同じ働きをする．貯蔵設備には鉛電池のほか，ナトリウム-硫黄 (NAS) 電池，レドックスフロー電池，フライホイール，SMES (superconducting magnetic energy storage) などが開発されている．

これらの電源の主要な特徴を述べると次のようになる．まず風力発電や太陽光発電は再生可能な自然エネルギーを利用し，地球環境に対する意識が高まっている現在，クリーンな電源として普及が推進されている．燃料電池は天然ガスなどを水素に変換し，水素と酸素の反応により電気を得るものである．効率が高く，水だけを排出するため環境性に優れている．マイクロガスタービンは価格が安いため，経済的な分散形電源として注目されている．電池は化学エネルギーを電気エネルギーに変換するものであるが，NAS 電池やレドックスフロー電池は鉛電池より効率が優れている．フライホイールは回転体に機械エネルギーの形で貯えるものである．また，SMES は超電導コイルに電流を流し，磁気エネルギーに変換する．本章では，燃料電池，太陽電池，風力発電，マイクロガスタービン，および電力貯蔵設備として開発されている NAS 電池とレ

ドックスフロー電池について解説する．

12.2 燃料電池

燃料電池の原理は水の電気分解と逆であり，水素と酸素を電極に送って電気と水とを作るものである．発電効率が高く，環境への影響が比較的小さいという利点がある．

図 12.1 に燃料電池の概念図を示す．電池は燃料極と空気極，および電解質とから成る．電解質の種類によりリン酸形 (PAFC: phosphoric acid fuel cell)，溶融炭酸塩形 (MCFC: molten carbonate fuel cell)，固体酸化物形 (SOFC: solid oxide fuel cell)，固体高分子形 (PEFC: polymer electrolyte fuel cell) などがある．図はリン酸形の例を示している．燃料極に水素または天然ガスやメタノールを改質して得られるガスを供給すると

$$H_2 \to 2H^+ + 2e^-$$

となって正イオンと電子ができる．触媒には白金が用いられる．電子は外部の回路を流れ，正イオンはリン酸水溶液の電解質中を移動して空気極に達する．空気極では空気中の酸素と反応して

$$\frac{1}{2}O_2 + 2H^+ + 2e^- \to H_2O$$

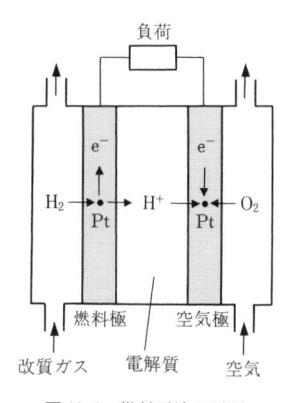

図 12.1 燃料電池の原理

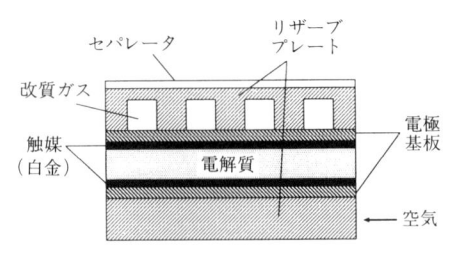

図12.2 セルの構成

となり，水蒸気が発生する．全体としての反応は

$$H_2 + \frac{1}{2}O_2 \rightarrow H_2O$$

である．電力への変換効率は50%程度であり，残りは熱となる．

　図12.2に燃料電池セルの構成を示す．電極基板は多孔性カーボンであり，その上に触媒層が形成されている．電解質はマトリックスと呼ばれ，炭化ケイ素の粉粒のすきまにリン酸水溶液が満たされている．リザーブプレートは反応ガスの流路を形成するとともにリン酸を貯蔵する機能をもつ．上のプレートに改質ガスが，下のプレートには空気が流れるが，流路は直交している．セパレータはセルとセルを分離するものであり，ガスを透過させず，かつ電子伝導性および熱伝導性に優れていることが必要である．セルの出力電圧は0.7V前後と低いが，このようなセルを数百積み重ねることにより所定の電圧を得ることができる．また，セルの面積が大きいほど多くの電流を流すことが可能になる．これをスタックと呼んでいるが，電池の動作温度を一定の範囲に保つため，セル数枚ごとに冷却器を挿入する．

　図12.3に燃料電池による発電システムの構成を示す．改質器，燃料電池本体，およびインバータから成っている．改質器は，天然ガスやメタノールなどの燃料を水素を主成分とするガスに変換するものである．天然ガス（都市ガス）には付臭剤として硫黄化合物が混ざっている．CO変成器における銅-亜鉛系触媒の活性が失われるのを防止するため，脱硫器でこの硫黄化合物を取り除く．次に，ガスに水蒸気を加えたのち，改質器に導入する．反応式は次のとおりである．

12.2 燃料電池

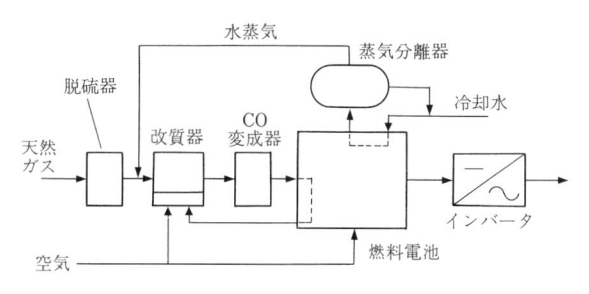

図 12.3 燃料電池発電システム

$$CH_4 + H_2O \leftrightarrow CO + 3H_2 - 49.3\text{kcal}$$

$$CO + H_2O \leftrightarrow CO_2 + H_2 + 9.84\text{kcal}$$

バーナで熱を加え,改質器の温度を 500°C くらいに保つ.改質器を出たガスに一酸化炭素が残っていると,燃料電池の触媒の活性を低下させる.よって CO 変成器により水素と二酸化炭素に変換し,一酸化炭素の濃度を下げる.このようにして得られた改質ガスを燃料極に供給する.電池の動作温度は 190〜200°C である.温度が高いとリンの蒸発や腐食が問題となり,低いと電池の効率が低下する.約 80% の水素が電池で消費され,残り 20% の水素は改質器バーナの燃料として使用される.冷却水は電池の温度を一定に保つものであるが,蒸気分離器で生成された水蒸気は燃料の改質に利用される.インバータは燃料電池の直流電圧を交流電圧に変換するものである.自励式と他励式があるが,独立電源では自励式が必要となる.素子として GTO (gate turn off thyristor) や IGBT (insulated gate bipolar transistor) が使用されている.

リン酸形燃料電池は 200 W〜10,000 kW のものがすでに開発されている.発電効率は 32〜42% 程度で,主な用途は 100〜200 kW の分散形電源用である.溶融炭酸塩形燃料電池は 650°C 前後で動作する.効率が約 60% と高く,かつ触媒として白金を必要としないので経済性に優れている.数 10MW からさらに大規模なものが開発中である.固体高分子形燃料電池は 80°C 程度で動作し,自動車用や家庭用小形電源として開発が行われている.

12.3 太陽光発電

太陽光発電は太陽光のもつエネルギーを直接電気エネルギーに変換するものである．変換には主にシリコン太陽電池が用いられるが，シリコン電池には単結晶，多結晶，アモルファス電池がある．そのほか，CdTe, Cu(In, Ga)Se$_2$ などの化合物半導体も開発されている．

図 12.4 に単結晶シリコン太陽電池の構造を示す．太陽電池は広い面積の pn 接合ダイオードである．厚さ約 0.4 mm の p 形半導体の上に 0.5μm ほどの n 形半導体が形成されている．太陽電池に光を照射すると，量子光電効果により半導体の内部に多量の電子と正孔の対が発生する．pn 接合部には内部電界が存在しており，電子は n 形半導体へ，正孔は p 形半導体の方へ移動する．その結果，n 側は負，p 側は正に帯電する．表面に電極を付け，両者間を負荷でつなぐと電流が流れ，電力を取り出すことができる．反射防止膜は電池の表面における光の反射を少なくするためである．表面を無数の小さなピラミッド状に加工したテクスチャ構造 (生地) にすれば，反射をほぼゼロにできる．

図 12.5 に太陽電池の電流-電圧特性を示す．電極間を開放したときの電圧を開放電圧，短絡したときの電流を短絡電流という．出力が最大となるように負荷を調整したときの出力を最大出力という．太陽光のエネルギーは 1 m^2 当たり約 1 kW であるが，10 cm 角のシリコン太陽電池からは約 1.5 W の出力が得られる．電圧 0.5 V, 電流は 3 A である．入射量は 10 W/100 cm^2 であるから変換効率は 15% である．シリコン太陽電池には単結晶のほかに，多結晶およびアモルファス電池がある．変換効率は多結晶で 13〜14%，アモルファスで 7% 程

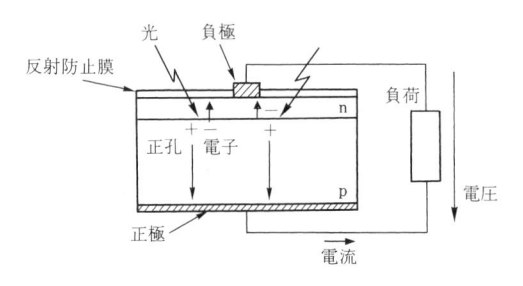

図 12.4 太陽電池

12.3 太陽光発電

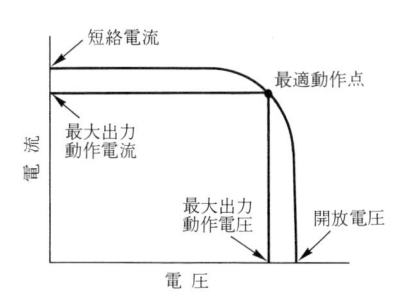

図 12.5 太陽電池の特性

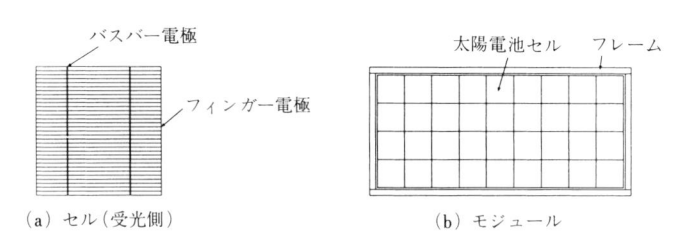

図 12.6 セルとモジュール

度である.

　太陽電池の出力電圧は約 0.5 V と低いため，数十枚の太陽電池を直列に接続して動作電圧を高める．1 つの電池をセルといい，接続したものをモジュールという．図 12.6 に太陽電池セルとモジュールの例を示す．セルの大きさは約 10 cm 角である．電池の裏側は全面電極であるが，受光側の電極を同じようにすると光が入らなくなるので，多数の細いフィンガー電極を設け，それらをバスバー電極でつないで集電する．電極面積を多くすると電気抵抗は小さくなるが，受光面積が減少するため，両者を考慮して決める．モジュールは 36 個のセルを直列に接続し，動作電圧を約 18 V としたものが多い．出力は 40〜120 W である．形状は図 (b) のように，短辺に 4 枚のセルを並べ，長辺と短辺の比が約 2 倍の長方形が大半である．100 W を超えるモジュールでは正方形に近くなる．耐候性に優れた充てん剤で封止したセルをフロントカバーとバックカバーで挟み，アルミフレームに取り付ける．

　図 12.7 に太陽電池による発電システムの構成を示す．太陽電池アレイ，インバータ，変圧器から成る．太陽電池アレイは屋根や庭に配置するために，モ

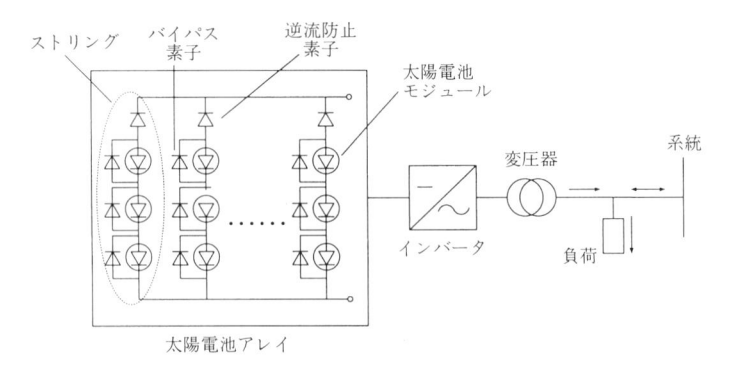

図 12.7 太陽光発電システム

ジュールを組み合わせたものである．いくつかのモジュールを直列および並列に接続し，所定の電圧・電流が得られるよう構成する．直列に接続したものをストリングという．木の葉などでセルが日陰になると，発電せず高抵抗になり，そこに電流が流れると発熱し，モジュールを破損することがある．バイパス素子は高抵抗となったモジュールをバイパスするものである．また，日陰によりストリングの電圧が低下すると，ほかのストリングから電流が流れ込むので逆流防止素子によりこれを防止するが，一般にダイオードが使用される．インバータは太陽電池アレイの直流出力を交流に変換する装置である．商用周波変圧器絶縁方式では，PWM (pulse width modulation) インバータにより商用周波数に変換し，変圧器により絶縁と電圧変換を行う．3～5 kW 用では高周波変圧器絶縁方式やトランスレス方式が主に用いられる．前者は直流を高周波に変換し，小形の変圧器で絶縁して直流に戻した後，商用周波に変換する．後者は直流を DC-DC コンバータで昇圧した後，商用周波に変換する．

1999 年における太陽電池の生産量は全世界で約 200 MW であり，日本がそのうちの約 80 MW を占めている．内訳は多結晶シリコン 52 MW，単結晶シリコン 10 MW，アモルファス 10 MW となっており，多結晶シリコンの生産量が急速に増加している．わが国では 1997 年から住宅用太陽光発電導入基盤整備事業が始まり，設置費用の約 1/3 が補助されている．2010 年における導入目標は累計 4,600 MW となっている．

12.4 風力発電

　風力発電は風のもつ運動エネルギーによって発電機を駆動し，電気エネルギーを得るものである．図 12.8 に風車の構成を示す．風車には 3 枚翼プロペラ形風車が最も多く用いられている．

　風車は翼，ロータヘッド，主軸，ナセル，タワーおよび基礎から成っている．翼はガラス繊維強化プラスチック (GFRP: glass fiber reinforced plastic) 製である．風のエネルギーは翼により回転エネルギーに変換された後，ロータヘッド，主軸を介してナセル内の発電機に伝えられ，電気エネルギーに変換される．タワーは円筒または格子状のスチールである．風車の制御はタワー下部の制御盤で行い，起動停止，風向制御，出力制御などを行う．

　いま，空気の質量を m(kg)，風速を v(m/s) とすると，風の運動エネルギーは $(1/2)mv^2$ (J) である．質量 m は空気密度を $\rho \simeq 1.225 \mathrm{kg/m^3}$，受風面積を $A(\mathrm{m^2})$ とすれば 1 秒間に $m = \rho A v$ となる．これより 1 秒間に風車に作用する運動エネルギーは $(1/2)\rho A v^3$ となり，風車が得るエネルギーは

$$P_g = \frac{1}{2} C_p \rho A v^3 = \frac{1}{8} C_p \rho \pi D^2 v^3 \quad (\mathrm{W}) \tag{12.1}$$

と表すことができる．ただし，C_p は風車の出力係数，$D(\mathrm{m})$ は風車の直径である．出力係数は風車の形式によって異なるが，プロペラ形風車では最大 0.45 程度である．もし，風車の出力係数を 0.38，直径を 30 m，風速を 12 m/s とすると，出力は約 280 kW となる．

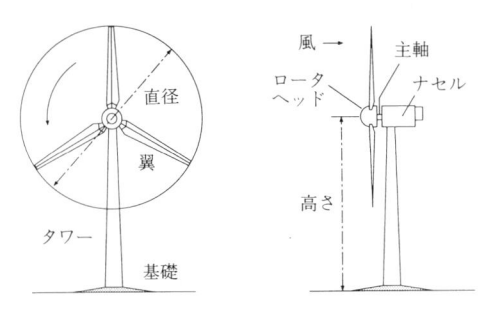

図 12.8　風力発電

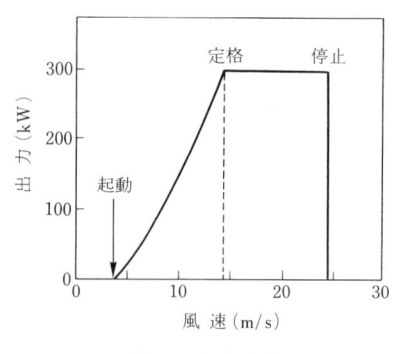

図 12.9　風力発電

　風車の出力係数 C_p は周速比 γ，すなわち翼の周速と風速の比によって変化し，周速比が 5～6 のときに最大となる．これより，風車の回転数は

$$N = 60\frac{\gamma v}{D\pi} \tag{12.2}$$

となる．たとえば，$\gamma=5$, $v=10$, $D=30$ とすれば，回転数は毎分約 32 回転となる．プロペラ形風車は広い範囲の周速比においてよい出力係数を示す．風車出力は風速の 3 乗に比例することから，風車の出力を表すときは風車の定格風速を示す必要がある．また，風速が定格値を超えるときは発電機が過負荷にならないよう風車出力を制御する．翼のピッチ角（回転面に対して翼面がなす角）が可変の場合にはピッチ角制御を，固定の場合にはストール（失速）制御を行う．

　図 12.9 にピッチ角制御における風車発電機の風速出力特性の例を示す．風車は風速が起動風速 (3 m/s) に達すると自動的に回転を始め，定格回転数になると系統に並列（接続）し発電を開始する．起動風速から定格風速 (14 m/s) までは翼のピッチ角は一定であるが，定格風速を超えるとピッチ角を変化させ，発電機出力が一定 (300 kW) になるよう出力を制御する．風速が停止風速 (24 m/s) 以上になると，翼を風と平行にしブレーキをかけて翼の回転を自動的に停止させ，起動条件が整うまで待機する．一方，固定翼のストール制御では，風速が定格以上になると失速状態になり回転数の上昇が抑えられるような翼形状とし，これにより発電機出力を一定に保つ．風車の重量は重くなるが，構造が簡単で安価である．停止風速以上では，回転面を風向きと平行にし，ブレー

12.4 風力発電

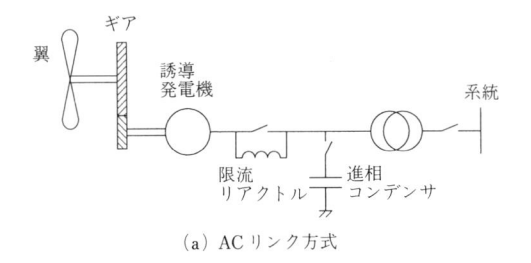

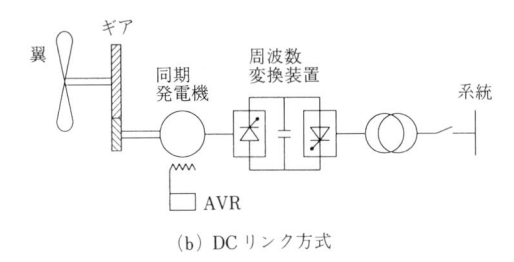

(a) AC リンク方式

(b) DC リンク方式

図 12.10 風力発電システム

キをかけて自動停止する．

　図 12.10 に風力発電システムの構成を示す．発電機には誘導発電機もしくは同期発電機が用いられる．誘導発電機は系統と連系しないと運転できないが，交流で直接連系することができるため電気システムが簡単である．ただし，系統に並列するときに定格電流の 5~6 倍の突入電流が流れるので限流リアクトルなどにより抑制する必要がある．また，コンデンサにより力率を改善するが，コンデンサの容量が大きいと端子電圧が異常に上昇する自己励磁現象が起きるため注意を要する．発電機の回転数は系統周波数と極数から決まる．出力による回転数の変化はわずかであり，定速回転と見なすことができるが，極数は 4~8 極，回転数は 750~1,800 rpm である．これに対し，式 (12.2) に述べたように風車の回転数は毎分数十回転であるから，増速ギアにより発電機の回転数まで増速する．しかし風車の回転数を固定すると風速によって周速比が変わり，風速が低いと変換効率が悪くなる．そのため風速 8 m/s 以下では 100 kW 定格 6 極で，8 m/s 以上では 400 kW 定格 4 極というように極数を切り替えることが多い．一方，同期発電機は系統と連系しなくても運転できるが，系統と連系して安定な運転を行うためには図 (b) のように一度直流にしてから交流に

変換しなければならない．風速に応じて発電機の回転数を変えることにより効率の良い運転を行うことができる．

1998年末における世界の風力発電設備容量はほぼ10,000 MWであり，急速に導入が進んでいる．最も多いのがドイツで1999年末に4,442 MWとなっている．続いて，アメリカ2,445 MW，スペイン1,812 MW，デンマーク1738 MWとなっている．わが国はまだ68 MWと少ないが，北海道などで導入が進んでおり2010年には780 MWになるとみられている．

12.5 マイクロガスタービン

マイクロガスタービンは30~75 kW程度のガスタービンであり，内燃機関と電気モータを併用するハイブリッド自動車用に開発されたものである．電力事業の自由化により，分散形電源として急速に開発が進められている．1998年ころから市販され始めたが，価格が10万円/kW以下と安価で，中小規模需要家への導入が予想される．

図12.11にマイクロタービンの基本的な構成を示す．圧縮機，燃焼器，タービン，発電機から成り，3章で述べたガスタービンとほぼ同じ構成である．異なる点は，後で述べるように発電機の回転速度が毎分10万回転程度と高速であるため，発生した高周波電力を整流した後インバータにより50Hzまたは60Hzに変換する必要があることである．さらに熱交換器（再生器）を備えている．これは，圧縮機の空気をタービンの排気で加熱し，それによって燃焼器での加

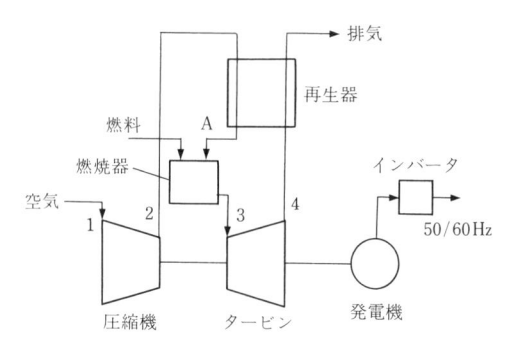

図12.11 マイクロタービンの構成

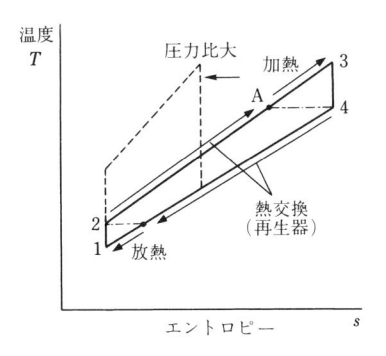

図 12.12 再生ガスタービンサイクル

熱燃料を節約するためである．これを再生式ガスタービンという．燃料には天然ガス，灯油，軽油などが用いられる．

図 12.12 にマイクロタービンの熱サイクルを示す．図中の番号は図 12.11 と対応している．1 は圧縮器入口，2 は圧縮器出口，3 はタービン入口，4 はタービン出口である．途中の A 点は再生器出口に対応する．圧縮機の圧力比は 3~5 程度，タービン入口温度は 900°C 前後である．このサイクルでは圧力比が小さいため，タービン出口の排気温度が高く，そのままではサイクルの熱効率が悪くなる．そこで，排気を再生器に導き，その熱によって圧縮空気を A の状態まで加熱している．これは蒸気タービンにおける再生サイクルと同じ考えである．燃焼器では A→3 までの加熱を行えばよいため，燃料を節約することができる．再生器でどの程度熱を回収できるかが重要であり，再生器の効率が熱サイクルの効率に大きく影響する．一方，圧力比が大きくなると熱サイクルは破線のようになる．圧縮機出口温度がタービン出口温度より高い場合には，上記のような再生は行えない．

正味の加熱量と放熱量を Q_1 と Q_2 とすれば，図より

$$Q_1 = c_p(T_3 - T_4), \quad Q_2 = c_p(T_2 - T_1) \tag{12.3}$$

となる．ただし，c_p は定圧比熱である．理論効率は，3.4.2 項の説明にならって

$$\eta = \frac{Q_1 - Q_2}{Q_1} = 1 - \frac{T_2 - T_1}{T_3 - T_4} = 1 - \frac{T_2/T_1(1 - T_1/T_2)}{T_3/T_1(1 - T_4/T_3)} = 1 - \frac{1}{\tau}\gamma^{(k-1)/k} \tag{12.4}$$

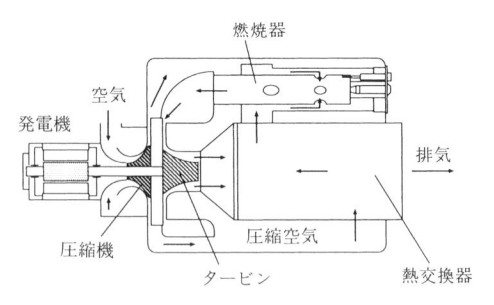

図 12.13 マイクロタービンの構造

となる．再生ガスタービンサイクルでは図 3.12 のブレイトンサイクルと異なり，圧力比 $\gamma(=p_2/p_1)$ だけでなくサイクル最高最低温度比 $\tau(=T_3/T_1)$ によって熱効率が決まる．

図 12.13 に具体的なマイクロタービンの構造を示す．大形ガスタービンでは多段の軸流式圧縮機が用いられるが，マイクロタービンでは 1 段の遠心式圧縮機が用いられる．圧力比は 4 前後である．タービンも同じく遠心式である．発電機は永久磁石式で 60,000～100,000 rpm 程度で高速回転する．圧縮機，タービン，発電機が 1 つの軸に結合された一軸式が多いが，圧縮機と発電機を別々の軸で駆動する二軸式もある．軸受には空気軸受，油潤滑軸受が多く用いられるが，空気軸受の方がメンテナンスの点で有利である．ガスタービンの熱効率を上げるため，伝熱式のレキュペレータという熱交換器が付いている．圧縮空気は熱交換器を通った後，燃焼器に入り，900°C 前後の燃焼ガスとなってタービンを駆動するが，その排気のエネルギーは熱交換器により回収される．現在，市販されているマイクロタービンの熱効率は 26～30% 程度である．効率をさらに上げるには，タービンや熱交換器をセラミックにする必要があるが，300 kW のセラミックタービンで熱効率 42% のものが開発されている．

12.6　ナトリウム-硫黄電池

ナトリウム-硫黄電池は NAS 電池とも呼ばれるが，ナトリウムと硫黄を β アルミナによって隔離したものである．エネルギー密度および効率が高く，電力貯蔵用の電池として開発が進められている．図 12.14 に電池の原理を示すが，

12.6 ナトリウム-硫黄電池

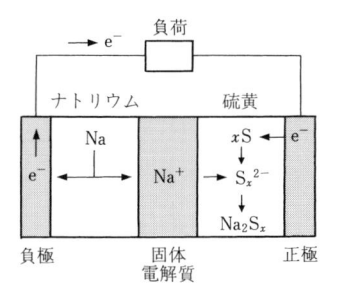

図 12.14 ナトリウム-硫黄電池の原理

図は放電時の状態である．350°C くらいで動作し，ナトリウムと硫黄は液体である．まず，負極側ではナトリウムがイオン化して

$$Na \rightarrow Na^+ + e^-$$

となる．固体電解質（β アルミナ）はナトリウムイオンのみを通す性質をもっており，Na^+ イオンは固体電解質を通って正極側に移動する．一方，電子は負極から負荷を通って正極に達する．次に正極側では，硫黄が正極の電子により S_x^{2-} イオンとなり，これがナトリウムイオンと結合して多硫化ナトリウム Na_2S_x になる．すなわち

$$xS + 2e^- + 2Na^+ \rightarrow Na_2S_x$$

となる．全体としての反応は

$$2Na + xS \rightarrow Na_2S_x$$

である．x の値が 3 以下になると，融点が高くなるので，通常は $x > 3$ で使用する．充電時の反応はこの逆であるが，負荷の代わりに電源が必要である．通常は，交流系統とインバータを介して充放電を行う．

図 12.15 に電池の構造例を示す．固体電解質（β アルミナ）管の内側に負極活物質のナトリウムを，外側に正極活物質の硫黄を配している．負極と正極の絶縁には α アルミナが用いられる．ナトリウムや硫黄は酸化しやすいので密閉されている．電解質である β アルミナは高いイオン伝導度を必要とする．β ア

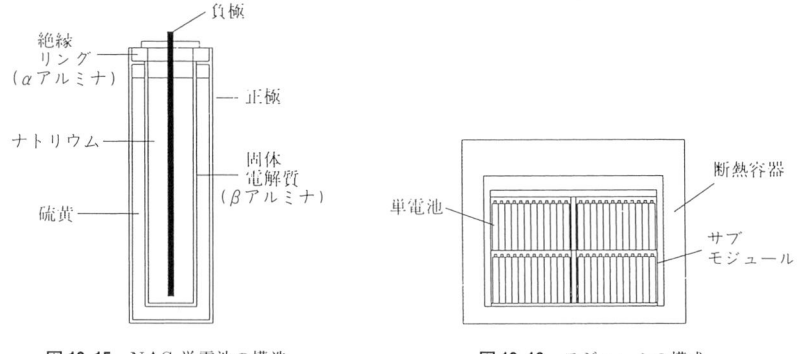

図 12.15　NAS 単電池の構造　　図 12.16　モジュールの構成

ルミナの分子式は $Na_2O \cdot xAl_2O_3$ で表されるが，β アルミナは $x=11$，β'' アルミナは $x=5$ である．最近は，抵抗の小さい β'' アルミナが使われている．負極のナトリウムは放電により正極に移動するため，負極側の液面が低下する．通電面積を維持するため，ナトリウムの金属繊維を負極側に設ける．正極では硫黄がイオンになるが，硫黄には電子伝導性がないので炭素繊維を設けることにより硫黄への電子授受特性を改善している．また，充電時に β アルミナ表面に硫黄層ができると充電が進まなくなるため，アルミナ表面に電子伝導性の小さい高抵抗層を設けて，そこで S_x^{2-} が硫黄になるのを防止する．

　NAS 電池は固体電解質を用いるためエネルギー密度が高く，鉛蓄電池の数倍程度になる．したがってコンパクトで設置面積が小さくてすむ．また，固体電解質が電子伝導に対して絶縁物であるため，自己放電がなく効率が高いという特徴をもつ．しかし，単電池の電圧は約 2V であり，電力貯蔵用には単電池を直列および並列に組み合わせたモジュールが用いられる．図 12.16 に 50 kW モジュールの例を示す．単電池の容量は 1.86 V，300 Ah であり，モジュールは 1,344 個の単電池から成っている．サブモジュールは 12 並列 ×28 直列 = 336 個から成り，電圧は 1.86×28 = 52.08V である．モジュールは 4 つのサブモジュールから成り，電圧 104.16 V，容量 400 kWh である．このモジュールを 20 個（10 直列 ×2 並列）組み合わせることにより 1,000 kW，8,000 kWh のシステムが構成されている．直流の出力電圧，電流はそれぞれ 1,041 V，1,011 A である．交直変換器により 6,600 V の交流に変換し，配電系統に接続する．

12.7 レドックスフロー電池

レドックスフロー電池の構成例を図 12.17 に示す．正，負極はともに炭素であるが，電解液としてバナジウムの硫酸水溶液を用いている．電解液は正，負極ごとにそれぞれのタンクに貯蔵され，ポンプにより電池セルへ供給される．正極と負極ではバナジウムイオンの価数が異なり，充放電はバナジウムイオンの価数の変化を利用する．図は放電時における反応を示す．負極では

$$VSO_4 + \frac{1}{2}H_2SO_4 \rightarrow \frac{1}{2}V_2(SO_4)_3 + H^+ + e^-$$

となり，バナジウムは V^{2+} から V^{3+} となる．同時に，水素イオンと電子が発生し，水素イオンはイオン交換膜を通って正極側に移動し，電子は負極から負荷を経て正極へ移動する．一方，正極では

$$\frac{1}{2}(VO_2)_2SO_4 + \frac{1}{2}H_2SO_4 + H^+ + e^- \rightarrow VOSO_4 + H_2O$$

の反応が起き，バナジウムは V^{5+} から V^{4+} となる．起電力（開路電圧）が 1.4 V と高いため，鉄およびクロムイオンを組み合わせた従来の鉄-クロム系に対し，約 2 倍の出力密度が得られる．

図 12.18 に単セルの構成を示す．2 枚の炭素フェルト電極をイオン交換膜で隔て，それをプラスチックカーボンの双極板で挟んだ構造である．イオン交換膜にはポリスルホン系陰イオン交換膜が用いられる．この膜は電流密度を高く

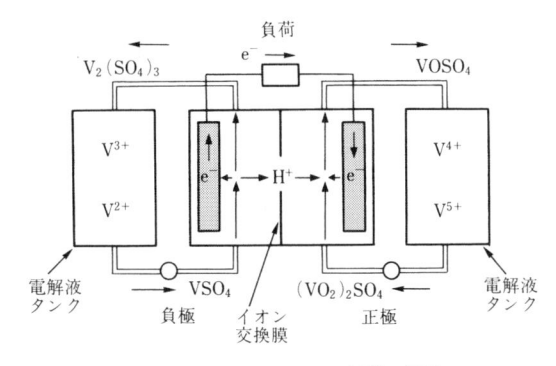

図 12.17 レドックスフロー電池の原理

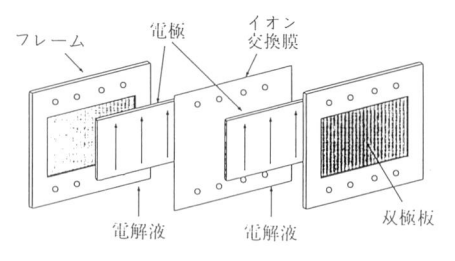

図 12.18 単セルの構成

でき，かつ V^{5+} に対する耐久性に優れている．フェルト電極は表面を溝状に圧着し，電気抵抗と電解液の流動抵抗を下げる．

　レドックスフロー電池の主な特徴は次のとおりである．まず，電池の反応が金属イオンの価数変化のみであるため，電池の寿命が長くなる．また，充電された電解液は別々のタンクに隔離されるため，長期間停止しても電池内で放電する自己放電がない．停止中は，ポンプが停止しているため補機動力も不要である．起動もポンプおよび交直変換器を起動すればよく，数分以内で可能である．電気出力は電池セル数に，電力貯蔵量はタンクの容量に比例するため，それぞれを独立に設計することができる．ただし，電解質として水溶液を用いるので，単位体積当たりのエネルギー密度が低い．

　運転時における単セルの出力電圧は約 1.25 V であり，電流密度は 80〜100 mA/cm^2 である．したがって，高電圧を得るため，単セルを双極板およびフレームを用いて直列に積層する．これをスタックという．図 12.19 にスタックの構成例を示す．この例では 60 の単セルを直列に接続している．スタックの出力は 20 kW である．実際にはさらに複数個のスタックを直列および並列に組み合わせて所要の出力を得る．たとえば，開発されている 450 kW のシステムは直流電圧 450 V，直流電流 1,000 A であるが，スタック 4 並列×2 直列を 1 モジュールとし，さらに 3 つのモジュールを直列に接続したものである．電池本体のエネルギー効率は 82% 程度であり，これに交直変換器やポンプを含めた総合効率 70% 以上を目標としている．

単セル

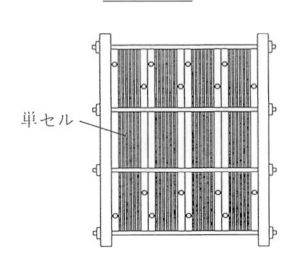

図 12.19 スタックの構成

演 習

12.1 分散形電源の種類と特徴を述べよ．

12.2 太陽電池の変換効率を 15% とすると，10 cm 角のセルを直列に 36 個接続した太陽電池モジュールの最大出力はいくらか．ただし，太陽光の放射照度を $1\,\mathrm{kW/m^2}$ とする．またセルの出力電圧を 0.5 V とすれば，モジュールの出力電圧はいくらか．

12.3 風車の直径を 30, 50, 70 m，風速を 12 m/s とすると出力はそれぞれいくらか．ただし，風車の出力係数を 0.38，空気密度を $1.225\,\mathrm{kg/m^3}$ とする．

12.4 風力発電には主に 3 枚翼や 2 枚翼が用いられる．翼の枚数が少ないと風の当たる面積が小さく，風のエネルギーが十分に利用できないように考えられるが，その理由を考えよ．

12.5 再生式マイクロガスタービンの圧力比を 4，圧縮機入口温度を 25°C，タービン入口温度を 900°C とする．燃焼器における加熱量，タービンからの放熱量，および熱効率を求めよ．ただし，空気の定圧比熱を $1\,\mathrm{kJ/(kg\cdot°C)}$，比熱比を 1.4 とする．

12.6 ある電力貯蔵装置の単位面積当たりの出力を $15\,\mathrm{kW/m^2}$ とする．すべての変電所における空き地面積を $300{,}000\,\mathrm{m^2}$ とし，そこにこの装置を設置すると，全体の出力はいくらになるか．また，わが国の最大需要を 170 GW とすると，その何% に相当するか．

12.7 燃料電池の燃料を 60 円/kg とし，その発熱量を 40 MJ/kg とする．電池の効率が 40% であると，1 kWh 当たりの燃料費はいくらか．

付　　　録

1　線路定数

1.1　はじめに

　送電線路によって電力を送るとき，線路は交流の電気回路として（直列）抵抗，インダクタンス，静電容量（キャパシタンス），（漏れ）コンダクタンスで表される．これらの線路定数はすべて線路に沿って分布している（分布定数）が，短い線路では1カ所あるいは数カ所に集中しているとして扱う．ただし長距離線路で詳細な計算をする場合や時間的変化の早い過渡現象を対象にする場合は分布定数回路として取り扱わなければならない．

　4個の定数のうち，大地への漏れコンダクタンスは一般に小さく通常は無視できる．また静電容量も線路長が数10km以下の架空送電線では無視できるがケーブルなど地中送電線では重要である．

　線路定数は，電線の種類，太さ，配置だけで決まり，送電電圧，電流には無関係である．ただし高電圧のために導体からコロナが発生して静電容量が等価的に増大するとか，通電による電線の温度上昇のために抵抗が増加するといった例外はある．

1.2　抵　　　抗

　断面積 S，長さ l，体積抵抗率 ρ の直線状導体の抵抗 R は

$$R = \rho\, l/S \tag{付1.1}$$

で与えられる．実際の線路では，たとえば架空送電線の場合，ACSRのようにアルミ線と鋼線を撚り合わせたものであること，また何本かの素導体からなる複導体構造であることなどを考慮しなければいけない．さらに導体の温度上昇や表皮効果による抵抗の増大にも注意が必要である．表皮効果は，交流電流が流れるとき中心部の電流ほど鎖交磁束数が多いために，中心部より導体表面近くの電流密度が高くなる現象である．周波数が高いほど，電流の導電率，透磁率が高いほど表皮効果は顕著になる．

1.3　インダクタンス

　1個の回路に流れる電流の時間的変化 dI/dt によって，自分の回路に生じる起電力 LdI/dt の L が自己インダクタンス，他の回路に生じる起電力 MdI/dt の M が相互インダクタンス

である．送配電線路の場合，自己インダクタンスと相互インダクタンスを一括し，電線1本（1条）当たりの「線路のインダクタンス」として扱うのが普通である．したがってインダクタンスは前節の抵抗のように対象とする導体だけでは決まらず，どのような配置であるかに依存する．

(a) 往復2導体

付図1.1のように，距離 D 離れた半径 r の2導体の場合，電線1本の単位長さ当たりのインダクタンスは，電磁気学の授業で学ぶように，次式で与えられる．

$$L = \left(\frac{\mu_s}{2} + 2\ln\frac{D}{r}\right) \times 10^{-7} \quad (\text{H/m}) \qquad (付 1.2)$$

ここで μ_s は導体の比透磁率であるが，銅やアルミニウムでは1である．ただし式(付1.2)は電流が導体内を一様に流れるとしている．表皮効果によって電流の大部分が導体表面を流れるときは，この式の第1項（内部インダクタンス）は零で第2項だけになる．

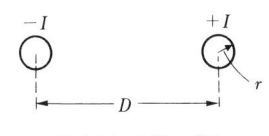

付図 1.1 往復2導体

(b) 三相線路

付図1.2のような三相1回線の線路で電流が平衡している場合を考える．導体a，b，cの配置が正三角形をなしていれば，電線1本のインダクタンスは式(付1.2)と同じである．導体間の距離 D_{ab}, D_{bc}, D_{ca} が異なると各線のインダクタンスが相違する．しかし各線の空間的条件が全線路長で平均的に同じになるように，いくつかの区間で各線の位置を入れ替える（これを撚架という）と，各線のインダクタンスは同じ値になり，やはり式(付1.2)で与えられる．ただし

$$D = (D_{ab}D_{bc}D_{ca})^{1/3} \qquad (付 1.3)$$

とする．

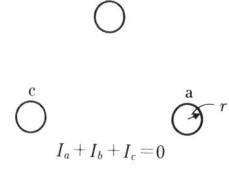

付図 1.2 三相線路

(c) 大地帰路の線路

付図1.3のように1線と大地だけで，帰路電流は大地を流れる場合である．大地の電流は，

1　線 路 定 数

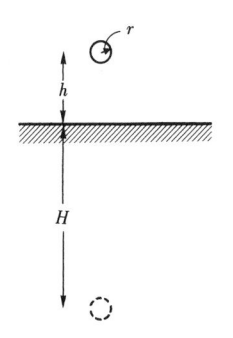

付図 1.3　大地帰路の線路

電流の周波数，地中の場所々々の導電率に応じて広い範囲を流れるが，等価的に地下 H の位置を集中して流れるとすると，電線の単位長さ当たりのインダクタンスは次式になる．

$$L = \left(\frac{\mu_s}{2} + 2\ln\frac{h+H}{r}\right) \times 10^{-7} \quad \text{(H/m)} \tag{付 1.4}$$

この式はもちろん式 (付 1.2) で電線間の距離を $h+H$ とした場合と同じである．

(d) 同軸円筒線路

ケーブルのような同軸円筒配置の場合，シース（外側導体）の電流を無視すればインダクタンスは上述の式 (付 1.2) や (付 1.4) と同じである．シースに導体電流の一部あるいは全部が流れるときは，そのインダクタンスを含めなければいけないので相当に複雑な式になる．

1.4　静電容量（キャパシタンス）

(a) 単線および平行導体

付図 1.3 のように，大地上 h にある 1 本の（大地に平行な）導体（半径 r）の対地静電容量は，$h \gg r$ であれば，単位長さ当たり次式で与えられる．

$$C = 2\pi\varepsilon_0/\ln(2h/r) = 10^{-10}\left/\left\{1.8\ln\left(\frac{2h}{r}\right)\right\}\right. \quad \text{(F/m)} \tag{付 1.5}$$

付図 1.1 のように正負の電位を有する 2 本の平行導体の場合，この静電界分布は両導体から等距離の対称面に接地平面がある配置の分布と同じである．したがって式 (付 1.5) で，h を $D/2$ とすれば電線 1 本の接地対称面に対する静電容量になる．両導体間の静電容量は

$$C = \pi\varepsilon_0/\ln(D/r) = 10^{-10}/\{3.6\ln(D/r)\} \quad \text{(F/m)} \tag{付 1.6}$$

大地が存在すると導体間の静電容量も式 (付 1.6) と相違する．このことはインダクタンスと異なる点である．付図 1.4 のように大地上 h で距離 D の平行 2 導体の場合，各線の対地静電容量ならびに導体間の静電容量は次式で与えられる．

$$C_{a0} = C_{b0} = 1/(p+q) \tag{付 1.7}$$

$$C_{ab} = q/(p^2 - q^2) \tag{付 1.8}$$

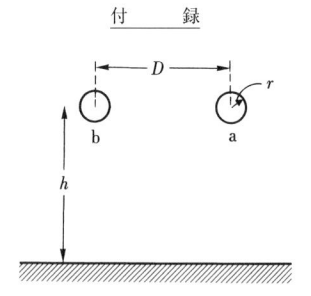

付図 1.4 大地上の往復 2 導体

ここで p, q は電位係数と呼ばれる量で次式である．

$$\left.\begin{array}{l} p = 1.8\ln(2h/r) \times 10^{10} \quad \text{(m/F)} \\ q = 1.8\ln\left(\sqrt{D^2 + 4h^2}/D\right) \times 10^{10} \quad \text{(m/F)} \end{array}\right\} \quad \text{(付 1.9)}$$

$h \gg D$ のときは

$$q = 1.8\ln(2h/D) \times 10^{10} \quad \text{(m/F)} \quad \text{(付 1.10)}$$

式 (付 1.7) の対地静電容量は他導体の存在によって単線対大地の式 (付 1.5) とは（逆数で q だけ）異なる．また導体間の静電容量も異なるが，h が無限大になればもちろん式 (付 1.8) は式 (付 1.6) に一致する．

(b) 同軸円筒配置

付図 1.5 の配置の単位長さ当たりの静電容量は次式である．

$$C = 2\pi\varepsilon_s\varepsilon_0/\ln(R/r) = 10^{-10}\varepsilon_s/\{1.8\ln(R/r)\} \quad \text{(F/m)} \quad \text{(付 1.11)}$$

ここで ε_s はケーブル絶縁材料の比誘電率で，管路気中送電線では 1，CV（ポリエチレン）ケーブルでは 2.3，OF ケーブルでは 2.8 から 4 程度である．

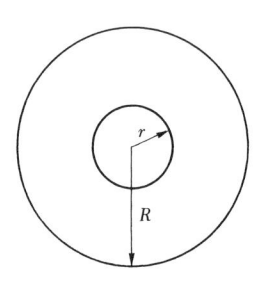

付図 1.5 同軸円筒線路

1.5 線路定数の例

架空送電線のインダクタンスは，多導体の場合内部インダクタンスを無視すると，式 (付 1.2) で r を等価半径 r_e とした式になる．$r_e = (nrc^{n-1})^{1/n}$ で，n は素導体の数，r は素導体半径，c は素導体の中心を通る円の半径である．インダクタンスの代表的な値は 275, 500 kV 系では $0.8 \sim 1$ mH/km，154 kV 以下ではおよそ 1.3 mH/km である．架空送電線で多導体の静電容量は式 (付 1.6) 以下の式で導体半径の代わりに等価半径を用いた値になり，r_e が r より大きいためにそれだけ増加する．代表的な値は 275, 500 kV では $(12-13) \times 10^{-3}$ μF/km，154 kV 以下ではおよそ 9×10^{-3} μF/km である．

地中送電線（ケーブル）のインダクタンスは D/r が小さいために架空送電線の数分の 1 である．逆に静電容量はシースとの距離で決まり，これが小さいために架空送電線の $20 \sim 30$ 倍にもなる．

2 送電特性

2.1 はじめに

送電線路によって電力を送るときの送電端，受電端の電圧，電流，電力などの関係を送電特性と呼び，送電工学の基本である．このとき送電線は付録 1 の線路定数を用いたいろいろな電気回路で表現される．送電端，受電端の電圧，電流はテキストの 2.3.1 項にも記載しているが，ここでは送電線の長さによって回路表現を分類し，より詳しく説明する．また電力円線図と呼ばれる特性図についても説明する．

送電線は通常 3 相であるが，電圧，電流の平衡した定常送電状態では単に 1 相と中性点（大地）との間の電圧（相電圧）で考えて，線間電圧はその $\sqrt{3}$ 倍とすればよい．

2.2 短距離線路の特性

数 km までの短距離送電線の場合，受電端の電圧は送電端に等しいと見なされる．このとき電線に流しうる最大電流（安全電流）を I とすると，送電容量 P は次式で与えられる．

$$P = \sqrt{3} V I \cos \phi \qquad (\text{付 2.1})$$

ここで V は線間電圧，ϕ は負荷の力率である．

線路の長さがこれ以上長くなると，送電線を付図 2.1 のように，抵抗とインダクタンスからなる集中インピーダンス $\dot{Z}$ で表す．しかし静電容量は無視している．

$$\dot{Z} = R + j\omega L = R + jX \qquad (\text{付 2.2})$$

$\omega = 2\pi f$ で f は回路の周波数である．L は付録 1 で述べた単位長さ当たりのインダクタン

$$\dot{E}_s \circ\!\!-\!\!\!\!\!\!\!\!\!\!\!\!\!\begin{array}{cc} R & jX=j\omega lL \end{array}\!\!\!\!\!\!\!\!\!\!\!\!\!\!-\!\!\circ \dot{E}_r$$

付図 2.1　短距離線路の表現

ス，l は線路長である．送電端，受電端の量をそれぞれ添字 s，r で示すと，送電端電圧は

$$\dot{E}_s = \dot{E}_r + (R + jX)\dot{I} \tag{付 2.3}$$

ここで $\dot{I}$ は線電流である．これらの値の絶対値を E_s，E_r，I とすると

$$E_s = \sqrt{(E_r \cos\phi + RI)^2 + (E_r \sin\phi_r \times I)^2}$$

$$\simeq E_r + (R\cos\phi + X\sin\phi)I \tag{付 2.4}$$

また送電端，受電端の有効電力はそれぞれ

$$P_s = 3(E_r I \cos\phi + RI^2) \tag{付 2.5}$$

$$P_r = 3E_r I \cos\phi \tag{付 2.6}$$

となる．

2.3　中距離線路の特性

架空送電線が数十 km になると静電容量を無視できなくなるが，50km 程度までは集中定数として扱ってよい．このとき送電線を付図 2.2 のように π 回路あるいは T 回路で表す．

(a)　π 回路；インピーダンス $\dot{Z}$ を中央にアドミッタンス $\dot{Y}$ の 1/2 をその両側に置く

(b)　T 回路；$\dot{Y}$ を中央に $\dot{Z}$ の 1/2 を両側に置く

ここで $\dot{Z}$ は式 (付 2.2)，$\dot{Y} = j\omega lC$ で，C は付録 1 の電線 1 条単位長さ当たりの静電容量である．

π 回路では

$$\left.\begin{array}{l} \dot{E}_s = (1 + \dot{Z}\dot{Y}/2)\dot{E}_r + \dot{Z}\dot{I}_r \\ \dot{I}_s = (1 + \dot{Z}\dot{Y}/2)\dot{I}_r + \dot{Y}(1 + \dot{Z}\dot{Y}/4)\dot{E}_r \end{array}\right\} \tag{付 2.7}$$

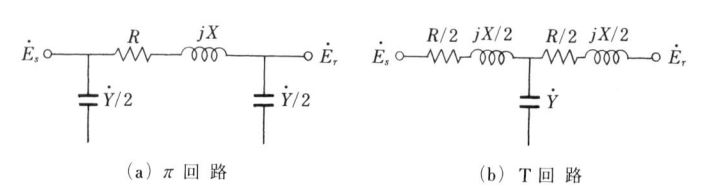

(a) π 回路　　　　　　　(b) T 回路

付図 2.2　中距離線路の表現

T 回路では

$$\left.\begin{array}{l}\dot{E}_s = (1+\dot{Z}\dot{Y}/2)\dot{E}_r + \dot{Z}(1+\dot{Z}\dot{Y}/4)\dot{I}_r \\ \dot{I}_s = (1+\dot{Z}\dot{Y}/2)\dot{I}_r + \dot{Y}\dot{E}_r\end{array}\right\} \quad \text{(付 2.8)}$$

これらの式はそれぞれの回路の中央での電圧 $\dot{E}_c$, 電流 $\dot{I}_c$ を考えることで容易に導出できる.

2.4 長距離線路の特性

電線 1 条の単位長さ当たりの抵抗, インダクタンス, 静電容量, 漏れコンダクタンスをそれぞれ r, L, C, g とする. 送電線路に沿って存在する直列インピーダンスと並列アドミッタンスはそれぞれ線路単位長さ当たり次式となる.

$$\dot{Z} = r + jX = r + j\omega L \quad \text{(付 2.9)}$$

$$\dot{G} = g + j\omega C \quad \text{(付 2.10)}$$

このとき送電端から x の距離における電圧 $\dot{E}$ と電流 $\dot{I}$ には次の関係が成立する.

$$-\frac{d\dot{E}}{dx} = \dot{Z}\dot{I}, \quad -\frac{d\dot{I}}{dx} = \dot{G}\dot{E} \quad \text{(付 2.11)}$$

線路長 l の線路についてこの式を解くと

$$\left.\begin{array}{l}\dot{E} = \dot{E}_r \cosh\dot{\gamma}(l-x) + \dot{I}_r \dot{Z}_0 \sinh\dot{\gamma}(l-x) \\ \dot{I} = \dot{E}_r \sinh\dot{\gamma}(l-x)/\dot{Z}_0 + \dot{I}_r \cosh\dot{\gamma}(l-x)\end{array}\right\} \quad \text{(付 2.12)}$$

ここで

$$\dot{\gamma} = \sqrt{\dot{G}\dot{Z}}, \quad \dot{Z}_0 = \sqrt{\dot{Z}/\dot{G}} \quad \text{(付 2.13)}$$

である. 式 (付 2.12) は式 (付 2.11) をそれぞれ x で微分して x の 2 階微分の式を導くと

$$\frac{d^2\dot{E}}{dx^2} = \dot{G}\dot{Z}\dot{E}, \quad \frac{d^2\dot{I}}{dx^2} = \dot{G}\dot{Z}\dot{I} \quad \text{(付 2.14)}$$

の同じ式になる. この一般解が

$$\dot{E} = \dot{E}_1 \exp(\dot{\gamma}x) + \dot{E}_2 \exp(-\dot{\gamma}x) \quad \text{(付 2.15)}$$

であることと, $x=l$ (受電端) で $\dot{E} = \dot{E}_r$, $\dot{I} = \dot{I}_r$ を用いると式 (付 2.12) が得られる.

式 (付 2.13) の $\dot{\gamma}$ を伝播定数, $\dot{Z}_0$ を特性インピーダンス (characteristic impedance) という. 一方 $x=0$ (送電端) の電圧, 電流を $\dot{E}_s$, $\dot{I}_s$ とすれば次のようになる.

$$\left.\begin{array}{l}\dot{E}_s = \dot{E}_r \cosh\dot{\gamma}l + \dot{I}_r \dot{Z}_0 \sinh\dot{\gamma}l \\ \dot{I}_s = \dot{E}_r \sinh\dot{\gamma}l/\dot{Z}_0 + \dot{I}_r \cosh\dot{\gamma}l\end{array}\right\} \quad \text{(付 2.16)}$$

さらに

$$\left.\begin{array}{l}\dot{A} = \dot{D} = \cosh\dot{\gamma}l \\ \dot{B} = \dot{Z}_0 \sinh\dot{\gamma}l \\ \dot{C} = \sinh\dot{\gamma}l/\dot{Z}_0\end{array}\right\} \quad \text{(付 2.17)}$$

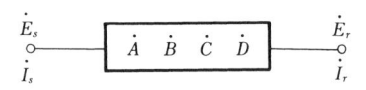

付図 2.3 送電線の 4 端子定数による表現

とおけば

$$\left.\begin{array}{l}\dot{E}_s = \dot{A}\dot{E}_r + \dot{B}\dot{I}_r \\ \dot{I}_s = \dot{C}\dot{E}_r + \dot{D}\dot{I}_r\end{array}\right\} \quad (\text{付 2.18})$$

すなわち，線路定数 r, L, C, g を有する送電線路の特性は，付図 2.3 のように，$\dot{A}$, $\dot{B}$, $\dot{C}$, $\dot{D}$ の 4 端子定数で表すことができる．ここで次の関係がある．

$$\dot{A}\dot{D} - \dot{B}\dot{C} = 1 \quad (\text{付 2.19})$$

さらに，このような 4 端子定数の取扱いによって，送受電端に各種の機器が接続された場合や分岐がある場合の電圧，電流を容易に表現できる．

2.5 電力円線図

現在の送電線は送電端および受電端の電圧を一定に保つ，いわゆる定電圧送電方式が採用されている．このとき送電端，受電端の電流は式 (付 2.19) を考慮すると次式のように表される．

$$\left.\begin{array}{l}\dot{I}_s = \dfrac{\dot{D}}{\dot{B}}\dot{E}_s - \dfrac{1}{\dot{B}}\dot{E}_r \\ \dot{I}_r = \dfrac{1}{\dot{B}}\dot{E}_s - \dfrac{\dot{A}}{\dot{B}}\dot{E}_r\end{array}\right\} \quad (\text{付 2.20})$$

受電端電圧 $\dot{E}_r$ を基準にとり，送電端電圧 $\dot{E}_s$ がこれより δ だけ位相が進んでいるとすると，$\dot{E}_r = E_r$, $\dot{E}_s = E_s \angle \delta$ と表される．式 (付 2.20) において

$$\left.\begin{array}{l}\dfrac{\dot{A}}{\dot{B}} = K - jL, \quad \dfrac{\dot{D}}{\dot{B}} = M - jN \\ \dot{B} = B \angle \beta\end{array}\right\} \quad (\text{付 2.21})$$

と表すと

$$\left.\begin{array}{l}\dot{I}_s = (M - jN)E_s \angle \delta - \dfrac{E_r}{B} \angle (-\beta) \\ \dot{I}_r = \dfrac{E_s}{B} \angle (\delta - \beta) - (K - jL)E_r\end{array}\right\} \quad (\text{付 2.22})$$

これらから送電端電力 $\dot{W}_s$，受電端電力 $\dot{W}_r$ を求めると

$$\left.\begin{array}{l}\dot{W}_s = \dot{E}_s \bar{\dot{I}}_s = (M + jN)E_s^2 - \dfrac{E_s E_r}{B} \angle (\delta + \beta) \\ \dot{W}_r = \dot{E}_r \bar{\dot{I}}_r = \dfrac{E_s E_r}{B} \angle (\beta - \delta) - (K + jL)E_r^2\end{array}\right\} \quad (\text{付 2.23})$$

この式によると，B, K, L, M, N はすべて線路定数から決まる定数であり，E_s と E_r が一定であるから変化するのは δ だけである．すなわち $\dot{W}_s$, $\dot{W}_r$ は複素平面上で δ の変化に対応して円を描いて変化するので，これを電力円線図という．$\rho = E_s E_r / B$ とおくと $\dot{W}_s$, $\dot{W}_r$ はともに半径 ρ の円（あるいはその一部の円弧）になるが，$\dot{W}_s$ の中心は点 (ME_s^2, NE_s^2)，$\dot{W}_r$ の中心は点 $(-KE_r^2, -LE_r^2)$ である．

送電端，受電端の有効電力 P と無効電力 Q はそれぞれ $\dot{W}_s$, $\dot{W}_r$ の実数分と虚数分である．

$$\left. \begin{array}{l} P_s = -\rho\cos(\delta+\beta) + ME_s^2 \\ P_r = \rho\cos(\delta-\beta) - KE_r^2 \\ Q_s = -\rho\sin(\delta+\beta) + NE_s^2 \\ Q_r = -\rho\sin(\delta-\beta) - LE_r^2 \end{array} \right\} \quad \text{(付 2.24)}$$

これまでの式は三相送電線の 1 相当たりの量で，E_s, E_r は相電圧を示している．線間電圧を V_s, V_r とすると $V_s = \sqrt{3}E_s$, $V_r = \sqrt{3}E_r$ なので，3 相の P, Q はそれぞれ式 (付 2.24) の 3 倍にするか，これらの式で $E_s \to V_s$, $E_r \to V_r$ とすればよい．

またこの節の取扱いは長距離線路で r, L, C, g のすべてを考慮した一般的なものであるが，短い線路で線路定数が簡単な場合ももちろん適用できる．たとえば本文 2.3.1 項に述べたように，送電線の r, C, g を無視できてリアクタンス $X = \omega l L$ だけで表せるときは

$$\dot{Z} = j\omega l L = jX, \quad \dot{G} = 0 \quad \text{(付 2.25)}$$

となる．これから $\dot{\gamma} = 0$ なので

$$\left. \begin{array}{l} \dot{A} = \dot{D} = 1, \quad \dot{C} = 0 \\ \dot{B} = jX, \quad B = X, \quad \beta = \pi/2 \end{array} \right\} \quad \text{(付 2.26)}$$

さらに

$$\left. \begin{array}{l} K = M = 0, \\ L = N = 1/X \end{array} \right\} \quad \text{(付 2.27)}$$

となるので，結局式 (付 2.23) は本文の式 (2.1) になる．

3 進行波回路

3.1 はじめに

短距離の送電線でも，時間的変化の早い過渡的電圧に対しては，送電線を分布定数線路とし光速あるいはそれに近い速度で進む進行波（traveling wave）として取り扱う必要がある．このような計算は落雷による異常電圧（雷サージ）が送電線の落雷地点から変電所に進行するときの解析などで重要である（本文 10.2.3 項参照）．

3.2 進行波

付図 3.1 のような大地上水平な無限長の線路を考える．進行波の電圧，電流の式は，やはり分布定数回路である長距離送電線の式 (付 2.11) と似ているが，後者が時間的変化を $j\omega$ で表した交流の定常的な式であるのに対し，時間変化をそのまま考慮する点が異なる．また多くの場合直列抵抗と漏れコンダクタンスを無視し，単位長さ当たりのインダクタンス L と静電容量 C だけを考える．進行波の電圧，電流を v, i とすると

$$-\frac{\partial v}{\partial x} = L\frac{\partial i}{\partial t}, \quad -\frac{\partial i}{\partial x} = C\frac{\partial v}{\partial t} \tag{付 3.1}$$

この 2 式から次の波動方程式が得られる．

$$\frac{\partial^2 v}{\partial x^2} = LC\frac{\partial^2 v}{\partial t^2}, \quad \frac{\partial^2 i}{\partial x^2} = LC\frac{\partial^2 i}{\partial t^2} \tag{付 3.2}$$

この式の解は

$$\left.\begin{array}{l} v(x,t) = f_1(x-st) + f_2(x+st) \\ i(x,t) = \{f_1(x-st) - f_2(x+st)\}/Z \end{array}\right\} \tag{付 3.3}$$

ここで $s = 1/\sqrt{LC}$ は速度の単位を有し，f_1 は速度 s で x 方向に進む波，f_2 は速度 s で反対方向（$-x$ の方向）に進む波を表す．また $Z = \sqrt{L/C}$ は付録 2.4 節に述べた特性インピーダンスであるが，この場合は実数で，波動インピーダンスあるいはサージインピーダンスともいう．s は気体中では光速に近いがケーブルなど固体中ではこの $1/\varepsilon_s$（ε_s は固体材料の比誘電率）倍に近い値である．一方 Z の値は架空送電線，管路気中送電線，CV ケーブルでそれぞれ約 300，60，40 Ω である．

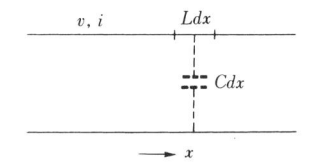

付図 3.1 単線の進行波線路

3.3 終端インピーダンスの効果

付図 3.2(a) のように，サージインピーダンス Z の進行波線路の終端にインピーダンス Z_e が接続されているとき，入射波，反射波，終端の量をそれぞれ i, r, e の添字で表すと

$$\left.\begin{array}{l} v = v_i + v_r \\ i = i_i - i_r = (v_i - v_r)/Z \end{array}\right\} \tag{付 3.4}$$

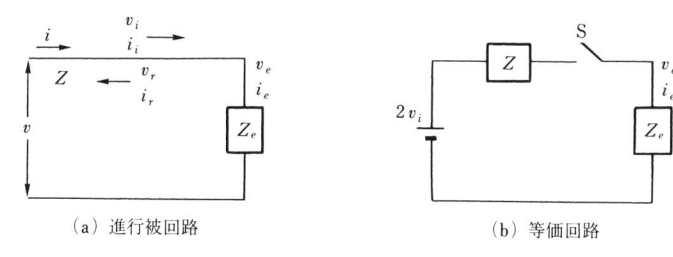

付図 3.2 終端が Z_e の進行波回路

終端での条件 $v_e = Z_e i_s$ より，終端の電圧，電流は次式になる．

$$\left. \begin{array}{l} v_e = 2v_i Z_e/(Z+Z_e) \\ i_e = 2v_i/(Z+Z_e) \end{array} \right\} \tag{付 3.5}$$

終端が開放のときは Z_e が無限大で

$$v_e = 2v_i, \quad i_e = 0 \tag{付 3.6}$$

短絡時は Z_e が零で

$$v_e = 0, \quad i_e = 2v_i/Z = 2i_i \tag{付 3.7}$$

である．

終端の電圧，電流は付図 3.2(b) の等価回路で表すことができる．これはスイッチ S を開放したときに現れる電圧 $2v_i$ に Z と Z_e が直列接続された回路と考えても同じである．また Z_e が集中インピーダンスでなくサージインピーダンスであっても同じ関係になる．このときサージインピーダンス Z の線路の終端（Z と Z_e の接合点）における反射係数と透過係数は次式になる．

$$\left. \begin{array}{l} m_r = v_r/v_i = (Z_e - Z)/(Z_e + Z) \\ m_i = v_e/v_i = 2Z_e/(Z_e + Z) \end{array} \right\} \tag{付 3.8}$$

$Z_e = Z$ のときは反射波がなく無限長線路と同じである．これを整合状態（マッチング）という．

4 故障計算

4.1 はじめに

送電線は大地への絶縁破壊や各相間の絶縁破壊によって事故を生じることがある．前者を地絡，後者を短絡という．架空送電線でもっとも多いのは，導体への落雷（導体直撃）や逆フラッシオーバによるもので本文の 10.2 節に説明されている．

このような地絡，短絡時の電圧，電流を求めることを故障計算という．三相の送電線路が平衡状態にあるときの送電特性は 1 相の量で代表的に表すことができる．たとえば線間電圧，三相の電力は単に相電圧，相電力を $\sqrt{3}$ 倍，3 倍するだけでよい．故障時に 3 相が不平衡になると複雑になるが，このとき対称座標と呼ばれる平衡成分に分解することによって計算を行う．すなわち三相線路の故障計算は対称座標法による計算である．

4.2 対称座標法

a，b，c 相からなる不平衡 3 相の電流 $\dot{I}_a$, $\dot{I}_b$, $\dot{I}_c$ から次の電流 $\dot{I}_0$, $\dot{I}_1$, $\dot{I}_2$ を作る．

$$\left.\begin{array}{l}\dot{I}_0 = (\dot{I}_a + \dot{I}_b + \dot{I}_c)/3 \\ \dot{I}_1 = (\dot{I}_a + a\dot{I}_b + a^2\dot{I}_c)/3 \\ \dot{I}_2 = (\dot{I}_a + a^2\dot{I}_b + a\dot{I}_c)/3\end{array}\right\} \quad (\text{付 4.1})$$

ここで $a = \exp(2\pi j/3)$ で付図 4.1 のような複素平面上の大きさ 1 のベクトルである．さらに

$$\left.\begin{array}{l}a^2 = \exp(4\pi j/3), \quad a^3 = 1 \\ 1 + a + a^2 = 0\end{array}\right\} \quad (\text{付 4.2})$$

の関係がある．したがって

$$\left.\begin{array}{l}\dot{I}_a = \dot{I}_0 + \dot{I}_1 + \dot{I}_2 \\ \dot{I}_b = \dot{I}_0 + a^2\dot{I}_1 + a\dot{I}_2 \\ \dot{I}_c = \dot{I}_0 + a\dot{I}_1 + a^2\dot{I}_2\end{array}\right\} \quad (\text{付 4.3})$$

実際の電流 $\dot{I}_a$, $\dot{I}_b$, $\dot{I}_c$ の代わりに $\dot{I}_0$, $\dot{I}_1$, $\dot{I}_2$ を扱うのが対称座標法である．$\dot{I}_0$ は各相で同じ大きさと位相を有する電流で零相電流という．3 相を一括したときに流れる正味の電流を意味し，平衡状態では零である．$\dot{I}_1$ は a，b，c 相で右回りとなる電流を表し正相電流（モータに流れたとき回転力となる平衡電流）という．一方 $\dot{I}_3$ は a，b，c 相で左回りとなる電流を表し逆相電流（モータに制動力を与える）という．電圧に関しても，式 (付 4.1)，(付 4.3) にお

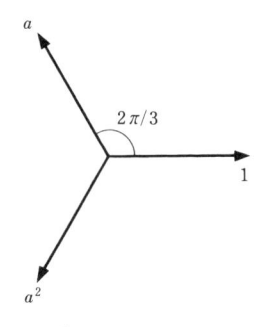

付図 4.1 ベクトル a

いてそれぞれ $I \to E$ とすれば，相電圧 $\dot{E}_a$, $\dot{E}_b$, $\dot{E}_c$ と零相，正相，逆相電圧 $\dot{E}_0$, $\dot{E}_1$, $\dot{E}_2$ の同じ関係が得られる．このように実際の不平衡電流，不平衡電圧は常に（大きさ一定の）平衡電流，平衡電圧に分解でき，これらの組合せによって故障計算を行う．これは実際の三相の代わりに零相，正相，逆相という仮想の相を対象にして計算すると考えてもよい．

4.3 発電機を含む回路

三相交流発電機において無負荷誘導電圧を $\dot{E}_a$, $\dot{E}_b$, $\dot{E}_c$ とすると $\dot{E}_b = a^2 \dot{E}_a$, $\dot{E}_c = a\dot{E}_a$ である．また電流が流れたときの対称座標における零相，正相，逆相インピーダンスをそれぞれ $\dot{Z}_0$, $\dot{Z}_1$, $\dot{Z}_2$ とする．零相インピーダンスは，各相に零相電流 $\dot{I}_0$ が流れたときの電圧降下が $\dot{Z}_0 \dot{I}_0$, 正相インピーダンスは，各相に正相電流 $\dot{I}_1$, $a^2 \dot{I}_1$, $a\dot{I}_1$ が流れたときの電圧降下がそれぞれ $\dot{Z}_1 \dot{I}_1$, $a^2 \dot{Z}_1 \dot{I}_1$, $a\dot{Z}_1 \dot{I}_1$ であることを示す．逆相インピーダンスも同様である．このような発電機の対称分インピーダンスを用いることによって，対称座標における発電機の端子電圧は次のようになる．

$$\left. \begin{array}{l} \dot{V}_0 = -\dot{Z}_0 \dot{I}_0 \\ \dot{V}_1 = \dot{E}_a - \dot{Z}_1 \dot{I}_1 \\ \dot{V}_2 = -\dot{Z}_2 \dot{I}_2 \end{array} \right\} \qquad \text{(付 4.4)}$$

4.4 簡単な例

(a) 発電機の1線地絡

a 相が地絡したとする（b, c 相は開放状態）．このとき $\dot{V}_a = 0$, $\dot{I}_b = \dot{I}_c = 0$ である．式(付 4.3) から

$$\dot{I}_b - \dot{I}_c = (a^2 - a)(\dot{I}_1 - \dot{I}_2)$$

なので，$\dot{I}_1 = \dot{I}_2$ となる．また

$$\dot{I}_b = \dot{I}_0 + (a^2 + a)\dot{I}_1 = \dot{I}_0 - \dot{I}_1 = 0$$

なので

$$\dot{I}_0 = \dot{I}_1 = \dot{I}_2$$
$$\dot{V}_a = \dot{V}_0 + \dot{V}_1 + \dot{V}_2 = \dot{E}_a - (\dot{Z}_0 + \dot{Z}_1 + \dot{Z}_2)\dot{I}_0 = 0$$

これらから結局

$$\dot{I}_0 = \dot{I}_1 = \dot{I}_2 = \dot{E}_a / (\dot{Z}_0 + \dot{Z}_1 + \dot{Z}_2)$$

(b) 発電機の2線地絡

b, c 相が地絡相とすると

$$\dot{V}_b = \dot{V}_c = 0, \quad \dot{I}_a = 0$$

1線地絡の場合の電流と同じようにして

$$\dot{V}_0 = \dot{V}_1 = \dot{V}_2$$

式 (付 4.4) と $\dot{I}_a = \dot{I}_0 + \dot{I}_1 + \dot{I}_2 = 0$ とから, $\dot{I}_0$, $\dot{I}_1$, $\dot{I}_2$ が求められる.

$$\dot{I}_0 = -\frac{\dot{Z}_2 \dot{E}_a}{\dot{Z}_0(\dot{Z}_1 + \dot{Z}_2) + \dot{Z}_1 \dot{Z}_2}, \quad \dot{I}_1 = \frac{(\dot{Z}_0 + \dot{Z}_2)\dot{E}_a}{\dot{Z}_0(\dot{Z}_1 + \dot{Z}_2) + \dot{Z}_1 \dot{Z}_2}$$

$$\dot{I}_3 = -\frac{\dot{Z}_0 \dot{E}_a}{\dot{Z}_0(\dot{Z}_1 + \dot{Z}_2) + \dot{Z}_1 \dot{Z}_2}$$

(c) 発電機の相間短絡

b, c 相が短絡したとすると, 条件は $\dot{V}_b = \dot{V}_c$, $\dot{I}_b = -\dot{I}_c$, $\dot{I}_a = 0$ である.

まず $\dot{I}_0 = 0$ となるので

$$\dot{I}_b = a^2 \dot{I}_1 + a \dot{I}_2, \quad \dot{I}_c = a \dot{I}_1 + a^2 \dot{I}_2$$

これから $\dot{I}_b + \dot{I}_c = 0$ なので, $\dot{I}_1 = -\dot{I}_2$ となる.

また式 (付 4.4) から $\dot{V}_0 = 0$, さらに $\dot{V}_b = \dot{V}_c$ から電流と同様にして $\dot{V}_1 = \dot{V}_2$ が導かれる. 結局, 式 (付 4.4) より

$$\dot{I}_1 = -\dot{I}_2 = \dot{E}_a / (\dot{Z}_1 + \dot{Z}_2)$$

(d) 送電線の地絡

送電線の1線が地絡したときの計算も (a) とほとんど同じである. ただし $\dot{E}_a$ の代わりに地絡点における (地絡前の) 対地電圧をとり, 故障点の端子から見たインピーダンスを用いる. このとき送電線の対称分インピーダンスが必要になるが, 送電線には回転部分がないので正相インピーダンスと逆相インピーダンスは等しく, 付録1で述べた線路定数である. 一方, 零相インピーダンスは各相を同じ電流が流れる場合のインピーダンスで, 大地帰路のインピーダンスである. したがって抵抗も送電線の抵抗だけでなく, 大地を流れる電流の抵抗を考慮しなければいけない.

演習解答

1.1 主な出来事を列挙する．1832年シリンク電磁式電信機を開発．1837年モールス電信用符号を考案．電信（有線）の時代が始まる．1850年英仏海峡横断海底電信ケーブルの敷設．1861年ライス電話器を発明．1901年マルコーニ大西洋横断無線電信に成功．無線通信の時代が始まる．

1.2 伸び率（%）を r, 倍増する年数を n とすると

$$(1 + r/100)^n = 2$$

1.5 倍なら右辺が 1.5 となる．これから次表のようになる．

伸び率（%）	0.5	1	2	3	5	7
倍増の年数	139	70	35	23	14	10
1.5 倍の年数	81	41	20	14	8	6

年数はほぼ伸び率に反比例する．これは x が小さいとき $\ln(1+x) \fallingdotseq x$ となるから当然である．

1.3 設備利用率は，総発電電力量を（発電設備容量 × 8760）で除した値である．8760 は 365 日 × 24 時間 を意味する．結果は以下のとおりである．

	アメリカ	中国	日本	ロシア	カナダ
設備利用率（%）	54.2	51.0	54.2	46.2	51.3
1人1日当たりの消費量（kWh）	35.8	2.3	21.8	13.7	46.9

3章に述べるように，設備利用率は発電方式の違いによって相当相違する（たとえばわが国では原子力発電は特別に高い）が，国全体で見るとほとんどは 45～55% の範囲になる．世界平均も 51% である．また 1 人 1 日当たりの電力消費量は，表 1.2 の上位 20 ヶ国の平均は 19kWh，世界平均は 6kWh である．

1.4 人が 1 日に必要とするエネルギー（熱量）は約 2,400 kcal とされている．この値は，$2.4 \times 10^6 \times 4.2 \fallingdotseq 1 \times 10^7$ J $\fallingdotseq 2.8$ kWh に等しい．すなわち人の仕事率は約 100 W である．前問の解答の 1 日当たりの電力消費量を 2400 kcal と比較すると，日本人は約 8 倍，アメリカ人は約 13 倍の電気エネルギーを消費していることになる．

ところでエネルギーの形態が異なるときはその比較に注意が必要である．燃料として投入するエネルギー（一次エネルギー）と変換後の最終消費エネルギー（二次

エネルギー）とでは比率が異なる．上記のように 1 kWh は二次エネルギーとしては 3.6×10^6 J すなわち約 860 kcal に相当するが，平均的な火力発電の効率が約 38% であるため，電気エネルギーを一次エネルギーに換算するときは 1 kWh は 2,250 kcal に換算される．この換算率によれば日本人の 1 日当たりの消費電力は 2400 kcal の約 20 倍，アメリカ人は約 34 倍になる．

なお本文表 1.4 の電力化率は一次エネルギーとしての比率である．

2.1 水力発電，火力発電，原子力発電 $\Rightarrow$ 500 ～ 77 kV
　　　風力発電 $\Rightarrow$ 6.6 kV
　　　太陽光発電 $\Rightarrow$ 100/200 V

2.2 2.2.2 項参照．

2.3 有効電力 $\Rightarrow$ 需給計画，経済運用，周波数制御
　　　無効電力 $\Rightarrow$ 電圧制御
　　　抵抗損 $\Rightarrow$ 潮流制御
　　　落雷 $\Rightarrow$ 保護制御，安定化制御

2.4
$$W_s = V_s \bar{I} = V_s \angle \delta \frac{V_s \angle -\delta - V_r}{-jX}$$
$$= j\frac{V_s^2 - V_s V_r(\cos\delta + j\sin\delta)}{X}$$
$$= \frac{V_s V_r \sin\delta}{X} + j\frac{1}{X}(V_s^2 - V_s V_r \cos\delta)$$

2.5 有効電力は式 (2.1) より $\delta = \pi/2$ で最大値 $P_{\max}$ をとる．
$$P_{\max} = \frac{V_s V_r}{X} = \frac{500 \times 500}{25} = 10,000 \text{MW} \quad : 500 \text{kV}$$
$$P_{\max} = \frac{V_s V_r}{X} = \frac{275 \times 275}{25} = 3,025 \text{MW} \quad : 275 \text{kV}$$

2.6 $I = \dfrac{1,000}{500\sqrt{3}}$ kA
　　　抵抗損 $= 3rI^2 = 2.5 \times 2^2 = 10$ MW

2.7 $I = \dfrac{500}{\sqrt{3}} \times \dfrac{1}{25} = 11.5$ kA

2.8 2.3.5 項参照．

3.1 式 (3.2) から，出力 $= 9.8 \times 10 \times 30 \times 0.85 = 2,500$ kW
　　　設備利用率を 100% として，年間の発電量 $= 2,500 \times 24 \times 365 = 2.2 \times 10^7$ kWh

3.2 $n_s = \dfrac{21,000}{256 + 25} + 35 = 110, \quad N = 110 \times \dfrac{256^{5/4}}{40,000^{1/2}} = 563$ rpm

発電機の回転数: 式 (3.3)

$$p = \frac{60 \times 60}{563} = 6.4,\ 磁極対数\ p\ を整数として,\ N = \frac{60 \times 60}{7} = 514\,\text{rpm}$$

3.3 $Q_b = 3,100 - 150 = 2,950,\quad Q_c = 2,340 - 150 = 2,190$

$$\eta_c = \frac{2,950 - 2,190}{2,950} = 0.26 \Rightarrow 26\%$$

3.4 3.4.1 項参照.

3.5 3.4.2 項の式を順に追っていけば導出できるので,各自確認されたい.

3.6 圧縮機入口温度 $T_1 = 273 + 20 = 293\,\text{K}$
圧縮機出口温度 $T_2 = 293 \times 15^{(1.4-1)/1.4} = 635\,\text{K}$
タービン入口温度 $T_3 = 273 + 1,350 = 1,623\,\text{K}$
タービン出口温度 $T_4 = 1,623/15^{(1.4-1)/1.4} = 749\,\text{K}$
加熱量 $= (1,623 - 635) \times 1 = 988\,\text{kJ/kg}$
燃料 $= 988/43,000 = 0.023\,\text{kg}$

3.7 $1/0.33 \times 2 \times 365 = 2,212\,\text{kg}$

3.8 1 時間の放熱量 $= 1,000 \times 10^3/0.33 \times (1 - 0.33) \times 60 \times 60 = 7.3 \times 10^9\,\text{kJ}$
必要な海水の量 $= 7.3 \times 10^9/(5 \times 4 \times 10^3) = 3.65 \times 10^5\,\text{m}^3$

4.1 1 章に述べたように,電気事業の最初は直流であった.しかしできるだけ高電圧で送電しようとすると,交流は変圧器によって容易に昇圧できるため交流が主流となった.パワーエレクトロニクスの進展により交直変換が容易になり,また直流送電は安定度の面で有利であるが,交直変換所がなお高価であるなどの問題もある.

4.2 できるだけ大電力を送電するには電圧と電流のどちらかを増大することになるが,電流をむやみに大きくはできないので送電電圧を高くすることになる.電流が過大になると送電時の損失(抵抗損)が大きくなるとともに,安定度や短絡容量が問題になる.

4.3 電力系統の電圧はいろいろな理由から時間的,場所的に変動する.そのため正常な運転状態で発生しうる最高電圧を安全面から絶縁設計に用いる.たとえば固体絶縁物の長期の変化(劣化)を考える場合も,運転期間中ずっと最高電圧 U_m(対地では $U_m/\sqrt{3}$)が印加されるとする.

4.4 遠距離で山岳地を通ることの多い送電線に対して,なるべく狭い用地で大容量の送電を行うには水平 1 回線より,垂直 2 回線になる.ただし実際の送電電力は,1 回線が停止しても送電が継続できるように,限界の送電電力の 1/2 程度以下のことが多い.

4.5 4.3.2 項参照.主に等価的な導体半径を大きくしてコロナによる雑音騒音の発生を抑制するためである.

4.6 4.4 節参照.表面が汚損や湿潤のためにある程度の導電性をもつので,電流の流れる(もれの)距離を大きくする.懸垂がいしでは上部にひだがあると水が貯まることと,

上部は雨で洗われるため主に下部の汚損が問題になるため下部にのみひだがある．

4.7 4.4.3 項参照．

4.8 4.5.4 項参照．管路気中送電の特徴は，送電容量大，静電容量小，屈曲性のない（ドラム巻きできない）ことなど．絶縁面では，CV ケーブルは固体のみ，OF ケーブルは固体と液体の複合絶縁，管路気中送電は気体（ガス）と固体の組合せ絶縁（並列配置）で，気体と固体の界面の絶縁（沿面絶縁）も問題になる．

4.9 架空送電線のがいしに比べて管路気中送電でははるかに高い電界がスペーサに印加される（下記の注に説明）．磁器のように内部に微細な気孔があると，交流の高電界では内部で部分放電を発生して貫通破壊する危険性が高い．そのためより密に成形できるエポキシ樹脂が用いられる．

注：公称電圧 500 kV を例にとると，気中送電線では絶縁距離は短くても 3〜4m あり（汚損地域ではもっと長い），がいし 1 個に印加される電界（平均電界）は高くても 1 kV/cm 程度である．管路気中送電の場合，たとえば図 4.11 の 275 kV 線路では平均電界 11 kV/cm，最大電界 20 kV/cm でおよそ 1 桁高い．

4.10 4.6.2 項参照．汚損時の耐電圧特性の相違，集塵効果，電食（電気分解）の作用．

5.1 5.2 節参照．

5.2 変圧器の主要な構成は，高圧（二次）巻線，低圧（一次）巻線，鉄心，タンクから成る．絶縁面からは，高圧巻線対低圧巻線（主絶縁あるいは主ギャップ絶縁という），巻線対鉄心（対地絶縁），巻線対タンク（対地絶縁），巻線内絶縁（ターン間，セクション間絶縁）のほか，高圧リード線対タンク（リード絶縁），高圧巻線端部対タンク（端部絶縁）がある．

5.3 5.4.1 項参照．接点を開いたとき接点間に発生するアーク放電を消滅させるが，電流零点の後接点間に残留するアークプラズマをすみやかに冷却し，導電性を失わせることである．接点間の絶縁回復が印加される電圧（過渡回復電圧）の上昇より早ければ良い．

5.4 主な理由は真空の耐電圧特性がギャップ長に比例せず，ギャップ長に対して飽和することである．10 章の 10.3.4 項に述べるように，絶縁破壊電圧 V_d とギャップ長 d とは，$V_d = Ad^n$ と表され（A は定数），$n = 0.4 \sim 0.7$ である．この例は図 10.6 にある．

5.5 断路器については 5.4.7 項参照．断路器は回路の長時間の（永続的な）切離しを行うもので，事故電流や負荷電流は遮断できないし，高速の遮断動作も行わない．

5.6 導体電圧を V とすると，E_m は中心導体表面で生じ，$E_m = V/\{r \ln(R/r)\}$．$dE_m/dr = 0$ より，$\ln(R/r) = 1$ すなわち $r = R/e$ が導かれる．一方 r が一定のとき R を大きくすれば E_m はいくらでも小さくなるので，2 つ目の設問は意味がない．

5.7 $E_m = kV/R$, $k = (R/r)/\ln(R/r)$ と表される．$R/r = e$ のときの E_m を E_e とすると，$R/r = 2, 3, 4, 5$ の E_m はそれぞれ E_e の 1.06, 1.00, 1.06, 1.14 倍である．

5.8 5.6.2 項参照．電圧-電流特性の非線形性が著しいために，常規電圧での電流が十分低く，ギャップを用いて高インピーダンスに保つ必要がない．直列ギャップなし（ギャップレス）の利点についても 5.6.2 項に記載．

5.9 5.7.3 項参照．代表は交直の変換を行うサイリスタのバルブである．ほかに直流リアクトルなどがある．

6.1 低圧，高圧，特別高圧（特高）に分けられ，具体的な電圧範囲は 6.2.1 項に説明されている．

6.2 図 6.2(d) の図において，左の星形結線では，各出力（対地）電圧に 120° の位相差がある．すなわち，$v_1 = V\sin(\omega t + 2\pi/3)$ と $v_2 = V\sin(\omega t)$ の差をとると，$2V\sin(\pi/3)\cos(\omega t + \pi/3)$ となり，$\sqrt{3}$ 倍の電圧になる．したがって対地電圧が 240 V であれば，415 V（正確には 416 V）になる．230 V であれば約 400 V である．一方，右の結線図では V 形結線の中間点を接地しているだけなので，両端の電圧が 200 V なら，対地電圧は 100 V である．

6.3 6.3.2 項参照．

6.4 $n=1$ のとき $C=1$ で n とともに単調に減少する簡単な関数は，C_∞ が 1 より小さいので，$C = (1 - C_\infty)/n + C_\infty$ である．不等率 f なら，f_∞ が 1 より大きいので同じような $f = (1 - f_\infty)/n + f_\infty$ という式も考えられるが，この式ではなく，C に対する式から導かれる

$$f = f_\infty/\{(f_\infty - 1)/n + 1\}$$

の式が用いられる．

6.5 6.4.3 項参照．電圧と電流が非線形な関係にある材料や機器が原因して発生する．最近はサイリスタ，整流器などの半導体使用機器，パワーエレクトロニクス機器に原因する高調波が多くなっている．

6.6 この方形波のフーリエ展開式は

$$f(t) = \frac{4V}{\pi} \sum_{n=1}^{\infty} \frac{\sin(2n-1)t}{2n-1}$$

である．したがって基本波の実効値は $2\sqrt{2}V/\pi$，高調波の実効値は $2\sqrt{2}V/\pi \times \sqrt{\sum_{n=1}^{\infty} \frac{1}{(2n+1)^2}}$．平方根の値は $\sqrt{\pi^2/8 - 1} = 0.483$．すなわち，ひずみ率は 0.483 である．

6.7 6.5.3 項参照．事故時電流の検出には零相変流器の二次側出力を用いるが，永久磁石を用いこの電磁力によって直接接点を引き外す方式と，電磁石を用い半導体増幅器を通して引き外す電子式（制御電源が必要であるが高感度）とがある．

6.8 配電系統の架空電線路には鉄筋コンクリート柱や木柱が用いられるが，多くの場合近くの建造物や樹木に遮へいされ，送電線の鉄塔のように突出している場合は少ない．そのため配電系の線路では直接落雷する直撃雷は少なく，近傍落雷による誘導雷が問題になる．

6.9 監視制御，負荷制御，自動検針が主なものである．内容については 6.6 節に記載．

7.1 式 (7.2) は $P = P_1 + P_2$ となるので，これより $P_2 = P - P_1$ とし，F を P_1 について最小化すればよい．$b_1 + 2c_1 P_1 = b_2 + 2c_2 P_2$ が導かれる．

7.2 式 (7.5) より

$$\lambda = \left(\frac{800}{5} + \frac{600}{6} + \frac{720}{6} + 2 \times 300 \right) \bigg/ \left(\frac{1}{5} + \frac{1}{6} + \frac{1}{6} \right) = 1,837.5$$

これを式 (7.4) に代入すると

$$P_1 = \frac{1837.5 - 800}{2 \times 5} = 103.8\,\text{MW} \tag{1}$$

同様に，P_2 は 103.1 MW，P_3 は 93.1 MW が得られる．

7.3 7.4.1 項参照．

7.4 系統容量が 10,000 MW であれば，1,000 MW の差異はその 10% である．これより，周波数のずれは $0.1 \times 10 = 1\,\text{Hz}$ となる．系統容量が 100,000 MW であれば，1,000 MW はその 1% である．これより，周波数のずれは 0.1 Hz となる．すなわち，系統容量が大きいほど周波数の変動は小さくなる．

7.5 式 (7.9) より

$$\Delta L_A = -(1,000/0.1) \times (-0.1) - 200 = 800\,\text{MW}$$
$$\Delta L_B = -(500/0.1) \times (-0.1) + 200 = 700\,\text{MW}$$

となる．TBC ではそれぞれの負荷の変動量を補うので，発電量を同じ量だけ増せばよい．

7.6 式 (7.12) において $Q_r = 0$ とすれば

$$y_c V_r^2 = \frac{1}{X}(V_r^2 - V_s V_r \cos \delta) = \frac{1}{25} \times 500^2 \times \left(1 - \cos \frac{\pi}{6} \right) = 1,340\,\text{MVar}$$

となる．また，$y_c = 0$，かつ $Q_r = 0$ ならば

$$V_r = V_s \cos \delta = 500 \times \cos \frac{\pi}{6} = 433\,\text{kV}$$

となり，電圧は大幅に低下する．

演習解答

8.1 8.1 節参照．定態安定性，過渡安定性，動態安定性がある．

8.2 $x_d = x_q$ ならば，式 (8.5) より

$$\dot{E} = \dot{V} + jx_d \dot{I}$$

となる．これに $\dot{V} = \dot{V}_b + jx_l \dot{I}$ を代入すると

$$\dot{E} = \dot{V}_b + j(x_d + x_l)\dot{I}$$

が得られる．これより，$\dot{E}$ と $\dot{V}$ の先端は，$\dot{V}_b$ の先端を通り，$\dot{I}$ に垂直な直線上にあることがわかる．

8.3 $P_e = i_d V_b \sin\delta + i_q V_b \cos\delta$

$$= \frac{E - V_b \cos\delta}{x_d + x_l} V_b \sin\delta + \frac{V_b \sin\delta}{x_q + x_l} V_b \cos\delta$$

$$= \frac{EV_b}{x_d + x_l} \sin\delta + \frac{V_b^2}{2}\left(\frac{1}{x_q + x_l} - \frac{1}{x_d + x_l}\right)\sin 2\delta$$

8.4 図 8.4 の説明で述べたように，回転子角が δ_u から少しでもずれると，回転子角はこの点からどんどん離れていく．一方，δ_s では回転子角が少しくらいずれても，もとの位置に引き戻すような力が働く．そのため，回転子角はこの位置から離れることはない．通常，発電機を系統に並列（接続）する場合，発電機端子電圧と系統電圧の位相差をできるだけ小さくして行う．したがって，回転子角は δ_s の近くにあり，制動トルクにより安定な平衡点に収束する．

8.5 設問の条件下では式 (8.4) は

$$\frac{d^2\delta}{dt^2} = \frac{P_m}{m} = C \quad (\text{一定})$$

上式は加速度が一定の運動を表しており，初期角速度 $(d\delta/dt)$ を零とすれば

$$\delta = \delta_0 + \frac{1}{2}Ct^2$$

となる．ただし，δ_0 は回転子角の初期値である．

8.6 設問の条件下では式 (8.4) は

$$\frac{d^2\Delta\delta}{dt^2} = -\frac{K}{m}\Delta\delta$$

となる．ただし，$\Delta\delta = \delta - \delta_0$，$\delta_0$ は動作点における回転子角である．いま，$\Delta\delta = C\sin\omega t$ とおいて，上式左辺を計算すると

$$\frac{d^2\Delta\delta}{dt^2} = -\omega^2 \Delta\delta$$

となる．2つの式の右辺を等しいとおくと

$$\omega^2 = \frac{K}{m} \Rightarrow \omega = \sqrt{K/m}$$

が得られる．すなわち，$\Delta\delta$ は一定の振幅 C，角周波数 ω で振動する．

8.7 式 (8.8) において $E \to E'_q$, $x_d \to x'_d$ とおき，P_e の微分を求める．

$$\Delta P_e = \left\{ \frac{E'_q V_b}{x'_d + x_l} \cos\delta + \frac{V_b^2}{2} \left(\frac{1}{x_q + x_l} - \frac{1}{x'_d + x_l} \right) 2\cos 2\delta \right\} \Delta\delta$$

$$+ \frac{V_b}{x'_d + x_l} \sin\delta \Delta E'_q$$

$$= K\Delta\delta + c_1 \Delta E'_q$$

8.8 式 (8.13) において $\mathrm{AVR}(s) = 0$ とすると，右辺第 2 項は

$$-\frac{c_1 c_2 c_4}{1 + c_3 c_4 + s T'_{do}} \Delta\delta$$

となる．$c_1 \sim c_4$ がすべて正であることから $s = j\omega$ とおけば，この項は第 2 象限にあることがわかる．したがって $D_1 > 0$ となる．

9.1 図 9.5 において，$X = 0$, $R = 1$ とする．まず，送電端電圧を $E_d = 125\,\mathrm{kV}$ とすれば，直流電流は

$$I_d = \frac{300}{125} = 2.4\,\mathrm{kA}$$

となる．これより受電端電圧は

$$E_{di} = 125 - 2.4 \times 1 = 122.6\,\mathrm{kV}$$

となる．送電端電圧を $1\,\mathrm{kV}$ 下げるには，式 (9.1) より

$$\cos\alpha = \frac{124}{125} = 0.992 \Rightarrow \alpha = 0.127\,\mathrm{rad} = 7.3°$$

とすればよい．このとき

$$電流変化量 = 2.4 - \frac{124 - 122.6}{1} = 1\,\mathrm{kA}$$

$$電力変化量 = 300 - 1.4 \times 124 = 126\,\mathrm{MW}$$

となる．

9.2 式 (9.2) から
$$\frac{1}{2}\sqrt{2}E\{\cos\gamma - \cos(\gamma+u)\} = XI_d$$

式 (9.4) は

$$E_{di} = E_{d0}\cos\beta + \frac{3}{\pi}\frac{1}{2}\sqrt{2}E\{\cos\gamma - \cos(\gamma+u)\}$$
$$= \frac{3}{\pi}\sqrt{2}E\cos(\gamma+u) + \frac{1}{2}\frac{3}{\pi}\sqrt{2}E\{\cos\gamma - \cos(\gamma+u)\}$$
$$= \frac{1}{2}\frac{3}{\pi}\sqrt{2}E\{\cos\gamma + \cos(\gamma+u)\}$$
$$= \frac{3}{\pi}\sqrt{2}E\cos\gamma - \frac{1}{2}\frac{3}{\pi}\sqrt{2}E\{\cos\gamma - \cos(\gamma+u)\}$$
$$= E_{d0}\cos\gamma - \frac{3}{\pi}XI_d$$

9.3 リプル率 γ は

$$\gamma = \frac{\text{電圧最大値} - \text{電圧最小値}}{\text{直流出力電圧}}$$

で表される．図 9.2(b) において $0 \leq \alpha \leq \pi/6$ ならば，電圧最大値が $\sqrt{2}E$ であることから

$$\gamma = \frac{\sqrt{2}E - \sqrt{2}E\cos(\pi/6+\alpha)}{(3/\pi)\sqrt{2}E\cos\alpha} = \frac{\pi}{3}\cdot\frac{1-\cos(\pi/6+\alpha)}{\cos\alpha}$$

となる．

9.4 $X_l = \omega_0 L \frac{\pi}{\sigma-\sin\sigma}$

$\sigma = 1 \Rightarrow X_l = 1 \times \frac{\pi}{1-\sin 1} = 19.8\ \Omega$

$\sigma = 2 \Rightarrow X_l = 1 \times \frac{\pi}{2-\sin 2} = 2.9\ \Omega$

$\sigma = 3 \Rightarrow X_l = 1 \times \frac{\pi}{3-\sin 3} = 1.1\ \Omega$

9.5 式 (9.7) と同じく

$$I_{ln} = \sqrt{2}\int_{t1}^{t2} i_l \cos n\omega_0 t dt \times \frac{\omega_0}{\pi}$$

である．上式に式 (9.6) を代入して整理すると

$$I_{ln} = \frac{2}{\omega_0 L\pi}\left\{\frac{2\cos\phi\sin n\phi}{n} - \frac{\sin(n+1)\phi}{n+1} + \frac{\sin(n-1)(2\pi-\phi)-\sin(n-1)\phi}{2(n-1)}\right\}$$

が得られる．確認されたい．

9.6 3つのTCRにかかる電圧は位相が$2\pi/3$ずつずれている．したがって，TCRに流れる電流も基本波成分については$2\pi/3$ずつ位相がずれる．しかし，k次高調波を考え，$k = 3m$ (m：整数) とすると

$$a_k \cos k\left(\omega_0 t \pm \frac{2\pi}{3}\right) = a_k \cos(k\omega_0 t + 2m\pi) = a_k \cos k\omega_0 t$$

となる．ただし，a_kはk次高調波の振幅，ω_0は基本波の角周波数である．上式は3つのTCRに同じ電流が流れることを示している．これより，3の倍数次高調波はTCRを循環し，送電線に出ていかないことがわかる．

次に2つのTCRにかかる電圧の位相が$\pi/6$ずれている場合を考える．いま，それぞれに流れる電流のk次高調波の振幅をa_k, b_kとする．ただし，$k = 6m \pm 1$ (m：整数)．位相が遅れているTCRの電流は

$$b_k \cos k\left(\omega_0 t + \frac{\pi}{6}\right) = b_k \cos\left(k\omega_0 t + \frac{k\pi}{6}\right) = b_k \cos\left(k\omega_0 t + m\pi \pm \frac{\pi}{6}\right)$$

$$= (-1)^m \frac{\sqrt{3}}{2} b_k \cos k\omega_0 t$$

となる．したがって，mが奇数であれば，$a_k = \sqrt{3} b_k/2$となるように電圧を選ぶと2つのTCRに流れるk次高調波は打ち消し合う．一方，mが偶数であれば符号が同じであるため，$12n \pm 1$次高調波 (n：自然数) は残る．

9.7 TCRの等価リアクタンスX_lは

$$X_l = \omega_0 L \frac{\pi}{\sigma - \sin \sigma}, \quad X_c = -\frac{1}{\omega_0 C}$$

である．ただし，$\sigma = 2(\pi - \phi)$．両者が並列になっているので，TCSCの等価リアクタンスXは

$$X = \frac{1}{1/X_l + 1/X_c}$$

となる．上式によりXを計算すると

$$\phi = 140° = 2.44 \text{rad} \Rightarrow X = -64.5 \Omega$$
$$\phi = 150° = 2.62 \text{rad} \Rightarrow X = -22.7 \Omega$$
$$\phi = 160° = 2.79 \text{rad} \Rightarrow X = -16.7 \Omega$$

となる．

9.8 送電線のインピーダンス Z は

$$Z = j\omega L + \frac{1}{j\omega C}$$

である．上式からインピーダンスが零になる周波数を求めると

$$\omega = \frac{1}{\sqrt{LC}} = \frac{\omega_0}{\sqrt{45/15}} = 217\,\mathrm{rad/s} = 34.6\,\mathrm{Hz}$$

となる．

10.1 商用周波試験電圧は対地電圧なので，最高電圧（線間電圧）の $1/\sqrt{3}$ と比較する．またインパルス電圧と比較するときは対地最高電圧の $\sqrt{2}/\sqrt{3}$ 倍をとる．

公称電圧（kV）	154	275	500
最高電圧（kV）	161	287.5	525 / 550
商用周波試験電圧の比	3.5	2.0	2.1 / 2.0
インパルス試験電圧の比	5.7	4.0	3.0 / 2.9

　この比較で商用周波試験電圧は短時間（1分）の値，また同じ公称電圧でインパルス試験電圧が複数ある場合は最も低い値をとっている．表からわかるように，系統の電圧が高くなるとともに試験電圧の最高電圧に対する比は相当低くなる．

10.2 鉄塔（頂）に落雷したとき，鉄塔，架空地線のサージインピーダンスをそれぞれ Z_T，Z_G とすると，鉄塔の電位上昇 v は進行波回路の計算から

$$v = \frac{2Z_e}{Z_0 + Z_e} \times \left(\frac{Z_0 I_0}{2}\right)$$

となる．Z_e は Z_T と $Z_G/2$（架空地線は両側に張られているので）の並列インピーダンスである．上式は書き直すと

$$v = I_0 / \left(\frac{1}{Z_0} + \frac{1}{Z_r} + \frac{2}{Z_G}\right)$$

となる．

10.3 前問の式に代入すると，約 2900 kV．式からわかるように低いインピーダンス，特に鉄塔のサージインピーダンス Z_T が重要である．たとえば Z_T が 50 Ω と半分になると，v は約 1800 kV に低下する．

10.4 10.2.4 項の過電圧倍数の値を用いると，187，275，500 kV に対し，それぞれ 447，657，898 kV（= 過電圧倍数 × $\sqrt{2}U_m/\sqrt{3}$）である．ただし 500 kV 系統では最高電圧として 550 kV をとっている．187 kV では試験電圧値とほとんど等しいのに対し，275，500 kV 系統では試験電圧の方が 1〜2 割高い．

10.5 10.2.5 項の負荷遮断による短時間過電圧をとると，それぞれ 244，429 kV（= 過電圧倍数 × $U_m/\sqrt{3}$）である．これに対し商用周波 1 分間試験電圧値は 330，635 kV でそれぞれ 1.35，1.48 倍である．

10.6 10.3 節参照．開放形と密閉形の相違のほか，大気の絶縁の多くは不平等電界配置，SF_6 は（準）平等電界配置である，など．

10.7 誘電率の違いによってボイド内の電界が外部より高くなる．固体の比誘電率を ε_s とすると，球形ボイドであれば $3\varepsilon_s/(1+2\varepsilon_s)$ 倍，電界と垂直な方向に薄いボイドならほぼ ε_s 倍になる．また 10.3.4 項に述べたように固体よりも気体の方が放電開始の電界が低い．

10.8 図 10.6 から，絶縁油，高真空のギャップ長 1 cm，2 cm の絶縁破壊電圧は，それぞれ絶縁油 157，235 kV，高真空 222，301 kV である．式 (10.5) を当てはめると，n の値は，絶縁油では 0.58，高真空は 0.44 となる．ただし式 (10.5) は破壊電圧が原点を通ることを意味している．

これらから，絶縁油と高真空の絶縁破壊電圧は，それぞれ $157d^{0.58}$，$222d^{0.44}$ と表されるので，これらが等しくなるのは $d=11.9 \simeq 12$ cm（破壊電圧は約 660 kV）となる．ただしこのような大きなギャップ長まで式 (10.5) が成り立つかどうかはわからない．

10.9 10.4 節参照．

11.1 11.2 節参照．

11.2 体重 70 kg では $116 \times 70/50 = 162$ となるが，165 が用いられている．すなわち $I=165/\sqrt{T}$，18 kg なら $I=42/\sqrt{T}$ となる．T が 3 秒のとき，70，50，18 kg に対し，それぞれ 95，67，24 mA である．

11.3 11.3.3 項に述べたように，交流送電線ではコロナで発生したイオンはほとんど電界に影響しないので，通常の静電界のラプラスの式で表される．空間の電位を ϕ とすると

$$\triangle \phi = 0 \tag{1}$$

である．電界は ϕ を空間座標で微分した値である（ベクトル的には勾配である）．

一方，直流送電線では電界はコロナによる空間電荷（電荷密度を ρ とする）に影響される．すなわち，ラプラスの式でなく，次のポアソンの式になる．

$$\triangle \phi = -\rho/\varepsilon_0 \tag{2}$$

また，イオンは電界によって移動（ドリフト）し，そのために電流（密度 j）が生じる．移動速度を v，移動度を k とすると

$$j = \rho v = k\rho E \tag{3}$$

となる．実際には j, E は方向を含めたベクトルとして考える必要があり，また正，負のイオンが存在するときはもっと複雑な取扱いになる．

11.4 商用周波数の電界に対しては人は導体と考えてよい．一様電界下の大地（接地平面）上に半回転だ円体が立っている配置の電界分布は式で表すことができる．半回転だ円体の高さを h，半径を r とすると，先端の（空気側の）電界 E_m は，次式になる．

$$E_m = k^3 E_0 / \{(1-k^2)(\tanh^{-1} k - k)\}$$
$$k = \sqrt{1 - (r/h)^2}$$

E_0 は一様電界の大きさである．人の体形を $r/h = 0.15 \sim 0.25$ で近似すると，$E_m = (26.9 \sim 13.3)E_0$. 実際には E_0 の約 18 倍になる．体内の電界はほとんど 0 である．また人体の比透磁率はほとんど 1 なので磁界分布は変化せず，人が存在しても一様磁界のままである．

11.5 石炭火力の場合，燃焼による炭酸ガス排出量は 246.33g(炭素)/kWh であるから

$$246 \times 8760 \times 10^6 \times 0.5 \times 44/12 = 4.0 \times 10^{12} \text{g} = 400\,\text{万トン}$$

維持保守による分を含めると約 4%増える．石油火力，LNG 火力の燃焼による分は，それぞれ 300 万トン，220 万トンである．

11.6 地球温暖化効果は GWP で与えられ，この値は温暖化効果の評価年数にも依存するが，100 年をとることが多い．SF_6 ガスの GWP は 23900 である．したがって $720 \times 23900/1.22 \times 10^9 = 0.014$, すなわち約 1.4%である．

11.7 $k = 0.05, 0.1, 0.2$ に対して，それぞれ $V_M = 0.60V_1, 0.72V_1, 0.84V_1$ になる．すなわち SF_6 を 5%，10%混ぜるだけで純 SF_6 の 60%（窒素の 1.8 倍），72%（2.2 倍），84%（2.5 倍）の放電電圧になる．

12.1 発電設備には燃料電池，太陽光発電，風力発電，マイクロガスタービンなど，電力貯蔵設備には NAS 電池，レドックスフロー電池，フライホイール，SMES などがある．特徴については 12.1~12.7 節を参照されたい．

12.2 10cm 角セルの面積は $0.1 \times 0.1 = 0.01\text{m}^2$ であるので，入射するエネルギーは $1,000 \times 0.01 = 10\text{W}$ となる．したがって

$$最大出力 = 10 \times 0.15 \times 36 = 54\,\text{W}$$
$$出力電圧 = 0.5 \times 36 = 18\,\text{V}$$

となる.

12.3 式 (12.1) より

$$\text{風速 } 30\,\text{m} \Rightarrow P_g = \frac{1}{8} \times 0.38 \times 1.225 \times \pi \times 30^2 \times 12^3 = 284\,\text{kW}$$

同様にして,風速 $50\,\text{m}$, $70\,\text{m}$ ではそれぞれ $790\,\text{kW}$, $1,548\,\text{kW}$ となる.

12.4 風車は風によりトルクを受けて回転する.風車の得るエネルギーは,風車のトルクと回転速度の積に比例する.翼の枚数が多いほどトルクが大きくなり,効率が良いように思える.しかし,トルクが大きくても回転速度が小さければ効率は必ずしも良くならない.最適な回転速度は翼の枚数や形状によって異なるが,受風面積に対する翼面積の最適な割合は,周速比の 2 乗にほぼ反比例することがわかっている.たとえば,周速比が 5 のときは 3~4%程度である.したがって図 12.8 のような 3 枚翼でも十分な面積が得られる.実は風車の理論的な効率は数が少ないほど高く,3 枚翼より 2 枚翼,さらに 1 枚翼の方が高い.

12.5 12.5 節の説明において,圧縮機入口温度 $T_1 = 25 + 273 = 298\,\text{K}$
圧縮機出口温度 $T_2 = 298 \times 4^{(1.4-1)/1.4} = 443\,\text{K}$
タービン入口温度 $T_3 = 900 + 273 = 1,173\,\text{K}$
タービン出口温度 $T_4 = 1,173/4^{(1.4-1)/1.4} = 789\,\text{K}$
加熱量 $= 1 \times (1,173 - 789) = 384\,\text{kJ/kg}$
放熱量 $= 1 \times (443 - 298) = 145\,\text{kJ/kg}$
熱効率 $= \frac{384-145}{384} = 0.62 \Rightarrow 62\%$

12.6 貯蔵装置の総容量 $= 15 \times 300,000 = 4.5 \times 10^6\,\text{kW}$

割合 $= \frac{4.5 \times 10^6}{170 \times 10^6} = 0.026 \Rightarrow 2.6\%$

12.7 $1\,\text{kWh} = 60 \times 60 = 3,600\,\text{kJ} = 3.6\,\text{MJ}$

$60 \times \dfrac{3.6}{40 \times 0.4} = 13.5\,\text{円/kWh}$

索　引

〈ア　行〉

アーク時定数 …………………………… 62
アークホーン …………………………… 49
油絶縁開閉装置 …………………… 67, 70

イオン流帯電 …………………… 153, 164
異常電圧 ……………………………… 132
一次エネルギー ……………………… 199
1線地絡 ……………………………… 197
インダクタンス ……………………… 185
インパルス …………………………… 132

運用指令 ……………………………… 93
運用制御 ……………………………… 14

〈カ　行〉

加圧水形原子炉 ……………………… 39
がいし ………………………………… 47
がいし装置 ………………………… 47, 49
改質器 ………………………………… 168
がいし連 ……………………………… 48
開閉過電圧 ………………………… 132, 136
開閉器 ………………………………… 89
開閉所 ………………………………… 58
開閉装置 …………………………… 57, 67
開閉保護装置 ………………………… 57
架橋ポリエチレンケーブル ………… 50
架空送電線 …………………………… 44
架空地線 ……………………………… 47
架空電線路 …………………………… 88
核分裂反応 …………………………… 35
ガス遮断器 ………………………… 62, 76

ガス絶縁開閉装置 ………………… 67, 161
ガスタービン ……………………… 31, 34
過電圧 ………………………………… 132
過電圧倍数 ………………………… 138, 210
過渡安定性 ……………………… 18, 106, 110
ガバナフリー運転 …………………… 100
火力発電 ……………………………… 26
環境対策 ……………………………… 163
監視制御 ……………………………… 91
感　電 ……………………………… 150, 164
貫流ボイラ …………………………… 30
管路気中送電 …………………… 52, 56, 202

基幹系統 ……………………………… 12
気中遮断器 …………………………… 89
気中絶縁 …………………………… 44, 140
気中送電線 …………………………… 44
逆閃絡 ………………………………… 136
逆相電流 ……………………………… 196
逆フラッシオーバ …………………… 135
逆変換 ………………………………… 121
キャパシタンス …………………… 185, 187
キャビテーション …………………… 24
給　電 …………………………… 18, 93
給電所 …………………………… 18, 93
給電指令 ……………………………… 94
キュービクル形 GIS ……………… 67, 69
供給信頼度 …………………………… 85

計器用変圧器 ………………………… 74
計器用変成器 ………………………… 74
経済負荷配分 ………………………… 96
軽水減速冷却炉 ……………………… 38

系統安定化装置 ……………………116
系統構成 ……………………………11
系統制御 …………………… 16, 123
系統定数 ………………… 101, 105
ケーブル ……………………………50
原子力発電 …………………………35
原子炉 ………………………………36
懸垂がいし ………………… 47, 56
減速材 ………………………………36

コインシデンスファクタ ………92
広域運用 ……………………………18
公称電圧 ………………… 42, 55, 132
鋼心アルミより線 …………………46
鋼心耐熱アルミ合金より線 ………46
高調波 ………………… 87, 92, 124
交直変換所 …………………………75
交直変換所機器 ……………………76
故障計算 …………………………195
固体絶縁開閉装置 ………… 67, 70
コロナ雑音 ………………………151
コロナ騒音 ………………………152
コロナハム音 ……………………152
コンバインドサイクル発電 ………31

〈サ 行〉

最高電圧 ………………… 43, 55, 132
再生式ガスタービン ……………177
最大電力 ………………………4, 82
最大電力伸び率 ……………………4
さい（裁）断現象 …………………63
最適経済配分制御 …………………96
再点弧 ……………………………137
再熱再生サイクル …………………29
再閉路 ……………………………110
サイリスタ ………………… 118, 119
サイリスタ制御直列コンデンサ … 118, 125
サイリスタ制御リアクトル ……123

サージ ……………………… 132, 136
サージインピーダンス ……… 146, 194
酸化亜鉛形避雷器 ………… 72, 76
酸化亜鉛素子 ………………………73
三相交流式 …………………………80

磁気遮断器 …………………………89
軸ねじれ共振 ……………………126
自動検針 ……………………………91
自動電圧調整器 …………… 102, 113
自動力率調整器 …………………102
シナジズム ………………… 162, 164
弱点破壊理論 ……………………143
遮断器 ……………………… 61, 89
遮へい失敗 ………………………135
周波数制御 ………………… 16, 99
周波数偏倚連絡線潮流制御 ……102
周波数変換 …………………………19
需給運用 …………………… 15, 94
需給計画 …………………… 15, 95
主変圧器 ……………………………59
需 要 ………………………6, 82
需要予測 ……………………8, 95
需要率 ………………………………84
瞬時電圧低下（瞬低）………………85
準平等電界 ………………………141
順変換 ……………………………121
常規電圧 …………………… 16, 131
消 弧 …………………………………61
消費電力量 …………………………6, 9
商用周波過電圧 …………………132
シリコン太陽電池 ………………170
自励式無効電力補償装置 ………127
真空遮断器 ………………… 64, 76
進行波回路 ………………… 136, 193

水 車 ……………………… 23, 39
水車発電機 …………………………23
水力発電 ……………………………21

索　　引

水路式水力発電	21
スタック	182
ストール（失速）制御	174
スパークオーバ	142
スペーサ	53, 56, 69
スロープリアクタンス	124
制御所	18
制御棒	36
整合状態	195
静止形無効電力補償装置	75, 118, 123
正相電流	196
静電気	2, 164
静電誘導	151
静電容量	185, 187
絶縁設計	131
絶縁耐力	141, 143
絶縁破壊特性	142
絶縁物	139
絶縁方式	139
接続性過電圧	132
接地開閉器	66
設備利用率	9
零相電流	196
線路定数	185, 189
相間短絡	198
送電電圧	3, 42
送電特性	189
送電方式	42
送電用変電所	12, 41, 58
素導体	45

〈タ　行〉

対称座標法	196
代替ガス	162
耐電圧試験	133
太陽光発電	170
太陽電池	183
太陽電池アレイ	171
太陽電池セル	171
脱　調	111
脱硫器	168
縦割り低圧連系系統	13
多導体	45
タービン	29
ダム式発電	25
炭酸ガス排出	160, 164
炭酸ガス排出原単位	160
短時間過電圧	132, 139
単純くし形系統	13
単相交流式	80
断路器	61, 66, 202
断路器開閉過電圧	137
断路器サージ	138
地域環境	157
地球温暖化係数	161
地球温暖化防止京都会議	159
地球温暖化問題	157, 161, 164
地球環境	157
地中送電線	50
地中電線路	88
中央給電指令所	18, 93, 104
柱上変圧器	12, 79
中性線	54
長幹がいし	49
超高圧	43
調整池式発電	23
調相設備	74
調速機	99, 105
超超高圧	43
潮流制御	17, 101, 126
超臨界圧ボイラ	28
直撃雷	92, 134
直列抵抗	185
直流がいし	55

直流遮断器 …………………………… 76
直流送電 ………………… 19, 54, 119, 129
貯水池式発電 ……………………… 23

低圧内輪連系系統 …………………… 14
抵　抗 …………………………………185
定周波数制御 …………………………102
定態安定性 ………………… 106, 108
停　電 ………………………………… 85
定余裕角制御 …………………………122
電圧制御 ………………… 16, 99, 102
電圧変動 ……………………………… 86
電気記念日 …………………………… 2
電気集塵装置 …………………………163
電源構成 ………………………… 6, 11
電磁界環境 ………………… 147, 150
電磁界生体影響問題調査特別委員会 …155
電磁環境 ………………… 147, 153
電磁両立性 ……………………………148
伝播定数 ………………………………191
電流さい（裁）断 …………………… 64
電流制御 ………………………………122
電流容量 ……………………………… 45
転流リアクタンス ……………………121
電力化率 ………………………… 1, 8
電力円線図 ……………………………192
電力系統（電力システム） ………… 11
電力需要 ………………………… 6, 82
電力貯蔵設備 …………………………166
電力用コンデンサ …………………… 75
電力用 SF₆ ガス取扱基準専門委員会 …161

等価リアクタンス ………… 124, 126, 130
同期運転 ……………………………… 17
同期化トルク（係数） ……… 109, 115
等増分燃料費則 ……………… 97, 104
動態安定性 ………… 18, 106, 113, 117
導体構成 ……………………………… 45
導体直撃 ………………………………135

動電気 ………………………………… 2
動揺曲線 ………………………………114
特性インピーダンス ……… 191, 194
特別高圧（特高） …………………… 78

〈ナ　行〉

ナトリウム-硫黄電池 ………………178
二次エネルギー ………………………200
二重母線 ……………………………… 60
2 線地絡 ………………………………197

熱効率 ………………………… 28, 32
熱サイクル ………………… 26, 32, 177
燃料電池 ………………… 167, 183
燃料棒 ………………………………… 36

〈ハ　行〉

配電計画 ……………………………… 84
配電自動化（システム） ……… 77, 90
配電電圧 ……………………………… 78
配電塔 ………………………………… 79
配電方式 ……………………………… 80
配電用遮断器 ………………………… 89
配電用変電所 ………… 12, 41, 58, 79
発電設備容量 ………………………… 5
発電電力量 …………………………… 6
パッファ形（パッファ式） ………… 62
波動インピーダンス …………………194
バルブ ………………………………… 75
バンク ………………………………… 59

ひずみ率 ……………………………… 92
ピッチ角制御 …………………………174
火花（放電） …………………………142
標準電圧 ……………………………… 78
平等電界 ………………………………141
表皮効果 ………………………………185
避雷器 ………………………… 71, 90

ピンがいし	49
風車	173
風力発電	173, 183
負荷	82
負荷曲線	82
負荷時電圧調整変圧器	103
負荷周波数制御	96
負荷制御	91
負荷配分	104
負荷率	83
複合がいし	48
複導体	45
沸騰水形原子炉	38
不等率	84, 92
不平等電界	141
部分放電	140, 144
フランシス水車	23, 39
フリッカ	86
ブレイトンサイクル	33, 40
分路リアクトル	75, 103
並列コンデンサ	103
並列台数	98
変圧器	59
変換器	119
変流器	74
ボイド（空隙）	144, 146
ボイラ	29
保護制御	17
母線	59

〈マ 行〉

マイクロガスタービン	176, 183
マッチング	195
密閉形開閉装置	67
無限大母線	108

無効電力	15, 193
モジュール	171, 180, 182
漏れコンダクタンス	185

〈ヤ 行〉

有効電力	15, 193
有効落差	22
誘導電流	155
誘導雷	92, 134
油浸絶縁	140
ユニット	59
揚水発電	25, 95
予備力	95

〈ラ 行〉

雷過電圧	132, 134
雷撃電流	135, 146
雷遮へい	135
雷道インピーダンス	146
ランキンサイクル	27, 39
ランダム騒音	152
リプル率	129
臨界故障除去時間	113
リン酸形（燃料電池）	167
レドックスフロー電池	181
連系線	12, 101
漏電遮断器	89, 92

〈英 名〉

ACSR	46
APFR	102
Armstrong-Whitehead (A-W) 理論	135
AVR	102, 113
BTB	19
BWR	38

索　引

C-GIS	67	PAFC	167
CT	74	POF ケーブル	52
CV ケーブル	50, 56, 88, 144	PSS	116
EDC	96	PT	74
EHV	43	PWR	39
EMC	148, 153	SC	103
EMF	153, 154	SF_6 ガス	62, 67, 143, 146, 161
EMF-RAPID	155	SSR	126
EMTP	136	SSSC	128
FACTS	127, 129	STATCOM	127
FFC	102	SVC	75, 118, 123
GCB	62	TACSR	46
GIL (GITL)	52	TBC	102
GIS	67	TCR	123, 130
GW	47	TCSC	118, 125
GWP	161, 163	UHV	43
LFC	96	UHV 送電	4, 43
LRT	103	UNFCCC	159
NAS 電池	178	UPFC	129
OF ケーブル	52, 56		

〈著者紹介〉

宅間 董（たくま ただす）
　1966年　東京大学大学院工学系研究科博士課程修了
　1995〜
　2002年　京都大学大学院工学研究科教授
　専門分野　電力工学
　現　在　(財)電力中央研究所狛江研究所．工学博士

垣本 直人（かきもと なおと）
　1982年　京都大学大学院工学研究科博士課程修了
　専門分野　電力工学
　現　在　京都大学大学院工学研究科助教授．工学博士

series 電気・電子・情報系 ⑨
電力工学

検印廃止

2002年9月10日　初版1刷発行	著　者	宅　間　　　董　© 2002 垣　本　直　人
	発行者	南　條　光　章
	発行所	**共立出版株式会社**
		〒112-8700 東京都文京区小日向4丁目6番19号 電話 03-3947-2511　振替 00110-2-57035 URL　http://www.kyoritsu-pub.co.jp/

印刷：加藤文明社/製本：関山製本
NDC 543/Printed in Japan

社団法人
自然科学書協会
会員　NSPA

ISBN 4-320-08584-1

JCLS ＜㈱日本著作出版権管理システム委託出版物＞
本書の無断複写は著作権法上での例外を除き禁じられています．複写される場合は，そのつど事前に
㈱日本著作出版権管理システム（電話03-3817-5670，FAX 03-3815-8199）の許諾を得てください．

■電気・電子工学関連書

http://www.kyoritsu-pub.co.jp/　共立出版

エレクトロニクス／パワー小辞典 …… 小郷 寛他編	ICのひみつ …… 伝田精一著
電子情報通信英和・和英辞典 …… 平山 博他編著	電子物性 増補版 …… 鈴木昱雄著
注解付 電気英語教本 …… 二反田鶴松編著	入門固体物性 …… 斉藤 博地著
電気工学への入門 …… 江村 稔著	超伝導 新訂版 …… 田中節子訳
BASICによる電気・電子 …… 須田健二他著	未来をひらく超電導 …… 北田正弘他著
基礎電気回路論 I …… 小川康男監修	VLSI設計入門 …… 松山泰男他著
基礎電気回路論 II …… 小川康男監修	超短光パルスレーザー …… 小林孝嘉訳
詳解 電気回路演習 上 …… 大下眞二郎著	レーザー入門 …… 田幸敏治著
詳解 電気回路演習 下 …… 大下眞二郎著	実用レーザ技術 …… 平井紀光著
電気回路 …… 大下眞二郎著	入門レーザー応用技術 …… 高分子学会編
基礎 電磁気学 …… 裏 克己著	レーザと計測 …… 田中敬一著
磁気工学の基礎 I・II (共立全書200・201) …… 太田恵造著	レーザと画像 …… 龍岡靜夫著
電磁気学 …… 大槻康二著	ハイテクノロジ・センサ …… 山香英三編著
電磁気学 …… 末松安晴著	アドバンストファジィ制御 …… 田中一男著
電磁気学 －基礎と演習－ …… 松本光功著	インテリジェント制御システム …… 田中一男編著
高電圧工学 …… 鳳 誠三郎他著	光メカトロニクス入門 …… 和歌山大学光メカトロニクス研究会編
電気磁気測定 …… 西村敏雄他著	パワーエレクトロニクス …… 平紗多賀男編
電気材料 改訂4版 …… 鳳 誠三郎著	新データ通信 …… 鹿子木昭介他著
薄膜作製ハンドブック 応用物理学会 薄膜・表面物理分科会編	入門 データ通信 …… 甘田早苗著
エレクトロニクス入門 …… 田頭 功著	通信プログラム入門 …… 南山智之他著
磁気記録工学 …… 松本光功他著	入門電波応用 …… 藤本京平著
基礎から学ぶ電子回路 増補版 …… 坂本康正著	伝送回路 第2版 …… 瀧 保夫著
実践電子回路の学び方 …… 江村 稔著	光通信工学 …… 左貝潤一著
情報系のための基礎回路工学 …… 亀井且有著	プラスチック光ファイバー …… POFコンソーシアム編
電子回路 アナログ編 新訂版 …… 尾崎 弘他著	電子・イオンビーム光学 …… 裏 克己著
電子回路 ディジタル編 …… 尾崎 弘他著	カラーTFT液晶ディスプレイ …… 山崎照彦他監修
例題演習電子回路 アナログ編 …… 尾崎 弘他著	コンピュータ画面作成ハンドブック …… 高橋 誠訳
例題演習電子回路 ディジタル編 …… 尾崎 弘他著	3次元ビジョン …… 徐 剛他著
わかりやすい電気・電子回路 …… 田頭 功著	画像処理工学 －基礎編－ …… 谷口慶治編
コンピュータ理解のための論理回路入門 …… 村上国男他著	Handbook 画像処理工学 －応用編－ …… 谷口慶治編
PLD回路化のための組合せ論理回路 …… 村田 裕著	パソコン画像処理ハンドブック 2 …… 森本吉春編著
PLD回路設計のための順序論理回路 …… 村田 裕著	パソコン画像処理ハンドブック 3 …… 森本吉春編著
論理回路工学 …… 久津輪敏郎他著	「みる」テクノロジー …… 樋渡涓二著
実践ディジタル回路設計 …… 並木秀明著	ウェーブレットによる信号処理と画像処理 …… 中野宏毅他著
ディジタル回路設計 …… 江端克彦他著	パソコンによるランダム信号処理 …… 清水信行他著
入門ディジタル回路 …… 山本敏正著	信号処理の基礎 …… 谷口慶治編